船舶通信の基礎知識
（3訂増補版）

鳥羽商船高等専門学校　教授

鈴木　治

成山堂書店

3訂増補版発行にあたって●●●●●●●●●●

　本書の初版は1999年2月から完全実施されたGMDSSに対応する初学者向けの入門書兼、第1級海上特殊無線技士と第3級無線通信士の無線従事者国家試験の受験のための解説書として、電波や電気・電子の数式を使ったカタイ技術解説を避け、運用方法や解説を多く記載した教科書として2008年2月に刊行されました。

　刊行後、AISの目的地のコード化入力、AIS-SARTの規格化、法定書類の変更、インマルサットによる定額制のインターネット接続、デジタル簡易無線などのトランシーバ型機器の登場などへの対応を適宜、改訂版、2訂版で行ってきました。

　今回の3訂増補版では、類書にはない船内のネットワーク機器の成り立ちと、保守に必要な知識を付録Gとして取り上げました。また、これまで同様、初版からの読者にも配慮し、構成はそのままに、最新の電波関係法令を調査した上で読者の便宜のため、できるだけ条文を記載、運用にも役立つ解説文を加筆しました。

　一方、船舶位置通報制度や電波伝搬、ファクシミリ放送の受信、旗といった事象には大きな変化はありません。こういったことから、初学者は、形や単なる使いかたを覚えるのではなく、使われる通信の特色とその成り立ちを理解することが求められていることがわかります。

　なお、正誤情報や本書に取り込めなかった内容、新規法令への対応をweb上のサポートページで行う予定です（『船舶通信の基礎知識サポートページ』https://www.cargo.toba-cmt.ac.jp/suzuki/GMDSS/（アドレスは変更になることがあります））。読者の皆様からご意見を生かし、より良いものにしていきた

いと考えています。

　本書が読者の皆様の学習のみならず、業務の手助けになれば幸甚です。

2023 年 1 月

鈴木　治

は じ め に ●●●●●●●●●●●●●●●●●●●●●●●●●●●●●

　これまで船員にとっての無線に関する知識は、通信士や経験豊富な船員から仕事をしながら聞いて得たものでした。しかし、日本人船員が少なくなり、また通信士の乗船していない船がほとんどとなった今では、そうもいきません。

　本書は、乗船経験のない学生や、初めて船舶の通信の仕事をすることになった初級の船舶職員が、無線通信に関して疑問に思うであろう事柄や、近年、法令化された通信装置である GMDSS 関連の通信機器や AIS と SSAS について仕事別に解説したものです。

　下記の内容をどの章からでも話がわかるように、重要な言葉やキーワードとしての索引を付け、参考になるページを示し、やさしい言葉で書くように心がけました。

1. **無線通信**　　無線を使って、音声や文字、図形などの伝送
2. **旗旒信号**　　国際的に決められた旗を使った意思表示
3. **船舶用通信機器**　　船特有の通信機器の説明
4. **GMDSS**　　遭難通信の仕組みと専用の無線機器
5. **ファクシミリ放送の受信**　　船舶用に行われている天気図の受信
6. **発光信号**　　モールス符号を使って、光の点滅により情報を伝送
7. **音響信号**　　汽笛などで意思表示を行う霧笛など

　主な章末には、練習問題を加えました。この練習問題は、実際に国家試験で出題された問題をモデルにしています。勉強で得た知識が正確に理解できたかどうか、確認に使ってください。

　第1章の3等航海士の「つぶやき」に「そうだよなぁ」といえるようになれば、本書の役割は80%達成したといえるでしょう。

　陸上に比べて進歩が遅いといわれている海上通信機器ですが、既存の船舶用の通信の参考書の解説はさらに遅れています。できるだけ本書の内容を理解し

大型の衛星用アンテナを設置した船（ボスポラス海峡）

てから、通信関連の解説書やパンフレットなどを読むことをお勧めします。

2008 年 1 月末日

鈴木　治

*　本書中の写真は、ほとんどが著者自ら撮影したものです。

*　本文中では、関連する法規との関係を明らかにするために法律の条文や何条である
　　かを示しています。

凡例　（法）電波法、（施）電波法施行規則、（設）無線設備規則、（従）無線従事者
　　　規則、（運）無線局運用規則、（憲）国際電気通信連合憲章、（RR）無線通信
　　　規則、（船舶職員法）船舶職員及び小型船舶操縦者法

　また、本文中で利用している機器の用語は、できるだけ法律で定められている用語を
利用していますが、初学者、実務者に理解が難しいものは、適宜用語を変更しています。
（例VHF 無線電話装置など）

目　　次

第 1 章　航海と通信

　陸から離れなければならない船にとって、無線を使った通信はなくてはならないものです。そのため、船には航行する海域に合った無線設備を搭載して、通信の内容、距離、時間、費用に応じて通信設備を使い分ける必要があります。

　この章では、新人の航海士がどのような通信に関わる仕事についているか、セリフを中心に書いてあります。どんな場面か想像してみましょう。

1.1　船舶通信の内容

　実際の船ではどのように通信機が使われ、通信の内容はどんなものがされているか例をあげましょう。

　下記の例は、南米方面へ向けて荷物を運ぶ架空の巨大船である「通信丸」に乗船中の3等航海士（Third　Officer：3/O）への、2等航海士（Second　Officer：2/O）、1等航海士（Chief　Officer：C/O）、船長（Captain：Capt.）の命令のうち無線に関するごく一部の例です。その様子を想像してみてください。

　　…「通信丸」の横浜港出港が近付いて来ました。出港時刻の3時間前です。荷役を完了するのは、あとわずか。

§1. 出港前は大忙し…

　（チャートテーブルで忙しそうにしながら…）

2/O：3/O！　航海計画ができたから、これを参考に保安庁に JASREP やっておいて。(計画が)長いから出港後時間を見計らって通報するように。あっ、3/O は1海特じゃなくて3海通を持ってたよな。だったら、わかってるだろうけど、 NBDP で送っておいたほうがいいぞ。そのときに、 OBS と、AMVER に加入することを忘れるな。ついでに、終ったら、ログブックに忘れずに書いておけよ。

図1.1　NBDP用キーボード（中央下）とDSC機能付き中・短波帯の無線装置（右）

図1.2　DSC機能付きVHF無線電話装置

3/O：2/Oわかりました。2/Oが作った航海計画はいつものところに掲示してあるやつですよね。OBSは気象観測通報（Observation）のことですよね。JASREPはNBDPで「とうきょうほあん」に送っておきます。過去に使った電文はファイルになってますよね。それを使ってやります。それと、周波数はお任せでいいですよね。もちろん、無線業務日誌にも記入しておきますからご心配なく。

（航海士事務室からの電話で…）

C/O：出港時刻を少々変更したから、「よこはまこうないほあん」に国際VHF（ブイエッチエフ）で、時刻変更を伝えておいてください[1]。そうしないと、出航信号を変えてもらえないからね。それが済んだら、東京湾海上交通センターの呼出名称「とうきょうマーチス」に予定通航時刻の変更をVHFで知らせて。うちのコールサインは間違えられやすいから、ちゃんと通話表を使えよ。一つ間違う

---

[1] 船舶と港長との間の無線通信による連絡に関する告示。

と、有名な船と同じになっちゃうからな。

3/O：C/O。出港時刻はどのくらい変更しましょうか。5分単位にしますか。それとも15分単位に？　マーチスの件は了解です。本船はジュリエット、ケベック、タンゴ、ホテルですよね。間違いなくやっておきます。

§2. いよいよ「出港スタンバイ」

（船橋で…）

C/O：3/O。大事そうにマイクを持っているのはいいけれど、船上通信設備は必ず持ってろよ。うちの船は大きいんだから。そうそう、双方向無線電話と間違えるなよ。今日は、2チャンネルを利用するから。タグからは別のトランシーバーを受け取れよ。それに、レーダーはスタンバイになってるか？　そうそう、配置につく前に、EPIRB のスイッチを入れておいてくれ。くれぐれも ON にするなよ。それと AIS に目的地を入力して、航海状態にな。信号旗はわかってるな？　必要なのを必要なときに掲揚しろ。

3/O：もちろん、すでにスタンバイしてますよ。チャンネルですね。ほら。双方向は目立つ色になってますから間違いませんよ。EPIRB は READY にしてあります。

図1.3　船上通信装置*2(左)と双方向無線電話（右）

図1.4　EPIRB

信号旗は Q / M （操舵手）に指示してあります。数字旗の1ですね？

---

*2 船上通信設備（施2条1項）

図1.5　インマルサット用アンテ
　　　ナと信号旗

図1.6　マストとアンテナ群

§3.　港を出たら当直だ！

（船橋正面にあるコンパスをにらみながら…）

Capt.：そろそろ、HE ライン通過じゃないのか？　3/O しっかりしてくれよ。
　　　よかったら、とうきょうマーチスに報告するように。VHF の 16ch で呼び
　　　出してから指示に従えよ。

3/O：すみません。これからマーチスに VHF で報告します。

§4.　緊張の狭水道通過…

（船橋で船速を気にしながら…）

Capt.：3/O．これから浦賀水道航路に入るんだけど、前の小型鋼船の「第3
　　　信号丸」が遅いから「第3信号丸」に VHF で追い越すことを知らせてく
　　　れるか。　DSC で呼ぶなよ、どうせわからんかもしれないし、DSC を持っ
　　　　　ディーエスシー
　　　てないことも考えられるからな。

（VHF 無線電話のハンドセットを持ちながら…）

3/O：了解です。これから 16ch で呼び出します。「只今、浦賀水道に入ろう
　　　　　　　　　　　　　　　　　　　　　　　　き せん
　　　としている第3信号丸。こちらは貴船後方、500m の巨大船、通信丸、通
　　　信丸」*3

§5. やれやれ、やっと大洋航海だ

（周囲を眺めてから…）

Capt.：浦賀水道を無事に南下できたし、周囲はクリアだから、そろそろ部署を開こうか。そろそろ右1ポイントにモールス符号Dの赤い灯火が見えてきてもいいはずなんだが…とりあえず、今までの分のログブックを書いておいてくれ。

3/O：この時間にしては漁船も少なく、順調に航過できましたね。えっと、赤い灯火はつい先ほどから視認しています。では、前をCapt.にお願いしてログブック[*4]をここで作成しておきます。

§6. 引き継ぎも楽じゃないな

（翌朝、C/Oから当直交代の引き継ぎのときに…）

C/O：コースは引き継ぎ簿に書いておいた。周囲はクリア、視界はこの4時間良好だ。俺のワッチで、ナブテックスの通信エリアから離れたから電源を切ったぞ。それで、さっき、EGC（イージーシー）が受信していたな。台風が気になるので、中心位置を海図上にプロットしておいてくれ。それと、MF/HF（エムエフエッチエフ）のDSCはあいかわらず、わけのわからん情報や誤警報ばかりだ。とりあえず、見ておいて紙が切れそうだったら補充しておいてくれ。無線担当はお前だから、ワッチ中に機能試験をやってログブックに記録しておけよ。それと、気象観測はお前のワッチから開始してインマルCで報告しろよ。あと、JASREPの位置通報は、気象観測で兼用するからな。それから、無線検疫（けんえき）のための検査は合格だったからな。

3/O：ありがとうございました。当直を引き継ぎます。台風情報はEGCのSafetyNetで得られますから、受信したら海図にも記入しておきます。MF/HF通信装置の紙切れは機能試験のときに、こちらで補充しておき、ログブックにも記入します。位置通報は私の当直でもまだ24時間以内ですから余裕ですね。MF/HFのDSCは、一応、メッセージを見て該当する周波数

---

*3 「感度ありましたら、応答願います」は不要です。聞こえていれば応答がありますし、もし、聞こえていなかったら応答できません…。

*4 これは航海用のログブック

図1.7　ナブテックス受信機と出力された電文　　　　図1.8　警報を受信した後

をワッチしてみます。この前、音声でメッセージを放送していましたから…。

（船橋で当直をしていると…。Capt. がなにやら持って来た紙を見せて…）

Capt.：これをアメリカの代理店に送っておいてください。ファックスで普通
にやれば送れるから。わかるよな？　3/O.

3/O：えっと、まだ衛星船舶電話の海域ですので、下のデッキの事務室にある
衛星船舶電話のファックスでも使えますが、どうしましょうか？　船橋に
はファックスを送れる機器がありません。でも、電子データなら電子メー
ルに添付ファイルで送る手もありますよ。

（書類の束を持ってきて…）

C/O：次の港で荷揚げする*5 リストを作っておいたから、あらかじめ概数を
ポートオーソリティー（港湾管理局）に知らせておいてくれ。　ETA は適
当に決めていいから。あそこは、テレックスを使っても陸上の回線と電話
局があてにならないから、直接、ポートオーソリティー（Port Authority）
の海岸局を呼び出したほうが早いから。大丈夫だよな。3/O？

3/O：はい。わかりました。距離があるから通じるかどうかわかりませんが、
海岸局の周波数は調べればわかるので、それでまずトライしてみます。そ

---

*5 積んでいる荷物を陸へあげること。

れでダメなら、代理店に頼むか、インマルサットでもやってみます。案外、電子メールだと大丈夫な場合もあるって聞きますから、なんとかなるでしょう。最近、ファックスって少なくなりましたね。ところでテレックスってなんですか？

§7.　そうはいうけれど…

（…3/O のつぶやき…）

3/O：はぁ〜。やれやれ。みんなはいろいろいうけれど、ほとんど知らないことなんだよなぁ。だからといって、僕より年下でこの船に乗っている人がいないから解らないことは聞きにくいし。かといって、聞いてもみんな「俺は専門じゃないからわからない」って教えてもらえないし。あぁあ〜。

　　「仕事は日々、勉強だぞ」って先輩がいってたけど、たしかにそうだよなぁ。3海通を持ってたって試験には使い方とか運用の仕方は出ないし。練習船でも使い方は教えてもらったけど、通信士が隣にいてくれたしなぁ。

　　さっきなんて、VHF の 6ch を指定したら混信して使えなかったし。結局、Capt.が 77ch でやってくれたけど。そんなチャンネルがあるなんて初めて知ったよなぁ。

　　NBDP なんて、チャットのようなものかと思ったらたしかにそうなんだけど、突然「ブワーン」って電動ファンの音がして、さらに電波が出るときにガチャガチャ音がするなんて初めて。なにか電波を発射してるって感じがしたなぁ。

　　それにしても、無線の機械ってなんで英語で書かれているだろう？　それに VHF にはなんで電話機みたいな受話器がついてるんだろう？　なんか船の機械って慣れないと変だと思う。

C/O：3/O、がんばってるな。まぁ、ためいきばっかりじゃなくて前向きになれよ。たしかに、船の通信は、電話やファクシミリの他に独特のものがたくさんあるし、免許が必要なものばかりだから、知らなくて当然なことばかりなんだ。でも、これらをうまく使えないと、海の上をひとりぼっちなんてことになってしまうんだ。使う場所と方法、やり方を早く覚えてくれ。よろしくな。

1.2　船独特の通信の種類

　船では陸上の生活と違った通信手段があって、それぞれの特徴を活かして業務に利用されています。

　例えば、1ページの3/O は、どの通信機を使ってどこに連絡をすればよかったのでしょうか？　船舶位置通報制度[*6] を行っている海上保安庁の連絡先の例を次に示します。

────────── JASREP の通報の宛先について ──────────

通報の宛先と料金

　無線通信により海上保安庁の指定海岸局を経由するときは無料。
　電話、ファックス、テレックス、電子メールによる通報の場合、
　費用は利用者負担となる。
　　　TEL　最寄りの海上保安部・署
　　　テレックス　72 222 5193（AAB 2225193　JMSAHQ J）
　　　ファックス　03-3591-8701
　　　電子メール　jasrep@jcgcomm.jp（件名に「JASREP」を記載
　　　　　　　　　のこと）

取扱海岸局、周波数

　　　とうきょうほあん／JNA は常時、短波帯の DSC と NBDP を聴守
　　　している。
　　　その他の海上保安庁の指定海岸局は、中短波帯の DSC および
　　　VHF ch16 を聴守している。

　さて、いろいろな手段で受け付けてくれるようです。どうしましょうか？

§1.　電　話

　"TEL" と表現されたり、船でも単に "電話" といわれています。この場合の電話とは、一般家庭の電話や携帯電話と接続可能な電話のことです。

　船の場合、携帯電話、通信衛星を使った衛星船舶電話、インマルサットを使った電話、岸壁に設置された電話回線を使う岸壁電話など陸上へ接続する手段と

[*6] 詳細は第6章、65 ページで説明します。

してさまざまなものがあります。料金はその通信手段と業者によって異なります。

§2. テレックス

電話番号のようなテレックス番号で相手を呼び出し、送受信者の間でプリンターまたはディスプレイ式端末等を使って文字通信を行う有料のサービスです。

アルファベットと数字、およびいくつかの記号のみしか送信できません。世界のほとんどの国々と通信が可能で、通信の記録を残すことと、相手が不在でも通信できる通信手段ですが、ファクシミリ、電子メールの普及で利用されることが少なくなっています。

§3. ファクシミリ

音声を送る回線を使って、紙に書いた文字や絵を電気信号に変換して、相手に文字や絵を送るものです。船で使われるものも基本的には一般家庭で使われているものと同じものです。通信回線によって可能な通信速度が異なり、通話時間が変わります。料金は通話時間で支払います。

§4. 無線電話

VHF無線電話等、「こちらは、つうしんまる」、「どうぞ」などの独特な用語を使ってする通信です。線でつながった電話と区別して、無線電話といっています。

多くの場合、相手が話しているときには話すことができない、単信方式です（施2条17項）。通常の（有線）電話のような感覚で同時に話すことができる複信方式（施2条18項）が可能な周波数やチャンネル、装置もあります。通信料金は無料です。

§5. 印刷電信

無線でモールス信号を使って文字のやりとりしていたものを、自動化したものが印刷電信です。通信としてのNBDPや、放送としてのナブテックス放送があります。

普通、アルファベットと数字およびわずかな記号しか送ることができません。送受信された文字はディスプレイに表示される他、プリンターでも印刷されます。通信料は無料です。

§6. ファクシミリ放送

ラジオ放送のように短波帯の天気図や新聞等の放送をファクシミリ放送といいます。受信には専用の受信機を用います。天気図は無料で受信できます。新聞の受信は加入料が必要です。

§7. 通信手段と利便性

自分の無線機で専用の通信回線を確保すれば、通信料は無料になります。しかし、他の通信手段を利用すれば有料になりますが、一般の電話やファクシミリにも通信できるほか、特別な利用方法を知らなくても相手に接続できます。

数字や文字などの情報が詳細で多い場合、無線電話によって伝えるよりも、印刷電信やファクシミリ、テレックスを利用した文字情報のほうが相手は確認しやすくなります。その場面に応じて必要かつ便利、そして安価な通信手段を選ぶことが必要になります。

このことから考えると、3/O は、2/O にいわれたように NBDP を使って、航海計画を海上保安庁に送れば便利だったのです。

一般に、船舶の航行に伴う船舶局相互の連絡や海岸局との連絡のための通信には料金はかかりません。

1.3　出入港に関係する無線通信

車を駅前の駐車場に止めるとき、利用料金を支払うように、船が港を利用する場合にはほとんどの場合、利用料が必要です。

港を利用するにも許可や使用料金が必要で事前に、利用を申請したり届ける必要があります。

また、外国に行く場合は、前もってその国に入る許可などの手続きが必要です。手続きは入港の数日前から連絡が必要なものがあります。これらのための

図1.9　VTSの一つ。伊勢湾海　　図1.10　海上交通センターの管制卓
　　　　上交通センター

連絡は、以前までは無線電報が利用されていましたが、今ではファクシミリや電子メールが使われることがほとんどです。

　船の入出港の手続きの仕方や指示、申請の取り扱いの代行業務を有料で行うのが船舶代理店の仕事です。代理店の指示により、船では必要な時に必要な書類を整えて、自分の船の通信設備を使用して連絡をとります。それらが遅れたり不備があったりすると入港が遅れたり、できなかったりすることもありますので、注意のいる仕事になります。

1.4　V T S

　港はたいてい狭い水路の奥にあって、多くの船が通航するためその水路は混雑します。そのような水路は、近年では、船舶の交通量を調整する交通管制が行われることが多くなりました（VTS：Vessel Traffic Service、ブイティーエス）。管制される船は大型船や危険物を搭載した船、長い物体を引っ張っている（曳航している）船などがその対象になっています。

　これらの船は、それらの水路をいつ航行するか、数日前ぐらいから事前に知らせておき、その水路を通過できるか、いつ通過しなければならないのかの許可をとらなければなりません。

　日本では海上交通安全法による浦賀水道航路や、港則法による入航時間の制

限などがあり、海上保安庁や港を管理する団体への通信が必要になります。

1.5　検疫・入国審査・税関

外国から来た船舶の場合、乗員や積荷が健康であり、その国に影響を与える
ような物を積んでいないか、また病気を持っていないかを検査（検疫）し、不
法な人が入国してこないかをチェック（入国審査）、その国の貿易や商品流通
や風俗に悪い影響を与えないかのチェック（税関）があります。

外国の船だけではなく、日本船籍の船であっても、外国の港から日本の港に
戻って来る場合このすべての検査をパスしなければなりません。

§1. 検　　疫

人間に対するものと、動物および植物に関する植物および動物検疫とがあり
ます。乗組員の健康状態だけではなく、船から出る生ゴミ、乗組員の部屋にあ
る観葉植物や、積荷の動物・植物もその対象となります。

日本では、厚生労働省と農林水産省が検査[7]にあたります。

§2. 入 国 審 査

外国人がその国を訪れた場合、入国できるかできないかの審査を行うもので
す。場合によっては、入国できずに、退去命令が出る場合もあります。外国に
入国する場合に、乗員の氏名、国籍、パスポート等[8]証明書の番号を事前に連
絡しておきます。

入港と同時に係官が来船し、チェックが行われ、入港中の上陸の許可、制限
等がいい渡されます。

日本では、法務省の担当で、日本人が日本の港に帰って来る場合は、特に問
題はないはずです。

---

[7] 動物検疫所、植物防疫所＝Plant Protection Station
[8] 船員手帳がこれに代わる。

§3. 税　　　関

　積み荷がその国で輸入を認めているものであるか、または、それに対してどれぐらい税金（関税）をかけるかを決めるものです。ほとんどの場合、事前にどのような積み荷があるのか通知して、検査を受けることになります。これは日本では財務省の担当です。

1.6　無 線 検 疫

　外国からの船は、どんな病気を持っているのかわからないことがあります。そのため、着岸する前に、港の外で待機し、検査する人（検疫官）が乗船し、検査をします。検査は、検疫錨地と呼ばれる港の外で行われます。そのときに利用されるのが国際信号旗の Q 旗です。

　しかし、入港のたびに港外で検査を待つと時間がかかることから、衛生状態が良好な状態で管理がされていてかつ、健康な場合に関しては事前に無線でその船の健康状態を知らせてその検査に代えることができるとしたものが無線検疫です。

　検疫は日本では厚生労働省が担当しています。

§1.　無線検疫の事前調査項目

日本の港に入港する場合の無線検疫では下記の項目がチェックされます。

- 航海の最初の港、日付
- 入港予定地、時刻
- 直前の入港地
- 船舶衛生管理（免除）に関する証明書を受けた場所、証明書の種類
- 乗員数、船客数
- 医者の乗船の有無
- 発病者の有無
- 死者の有無

―――― 無線検疫用の代理店宛の電文の例 ――――

RPM SAN FRANCISCO 15TH MAR HONOLULU 25TH MAR TOKYO
1ST APR 2020 TOKYO 20TH JAN 03 EXEMPTION CREW 25 PAX 1
10 TO 19 NONE NONE

（日本語訳）

「（本船は）サンフランシスコを出て、ホノルルを経由し、4月1日に東京
港に入港予定、2020年1月20日にねずみ族駆除の証明をもらっており、
乗組員25名、船客1名で、10〜19の項目（病気の乗組員、死亡者）がな
く、船医の乗船なし」

　船ではこれらの内容を入港の前にまとめ、それを代理店等に送信します。そ
れを受け取った代理店では、無線検疫の申請書を検疫所に提出します。

1.7　入港までの手続き

　大型の貨物船が外国からやってきて日本に入港する場合の、船から発信すべ
き通信の内容を下記に列挙します。

いつまでに	発信すべき通信の内容
1週間前	岸壁利用届け
48時間前	無線検疫、パイロット乗船予定時間（パイロットステーション到着予定時間）の報告、VTS通過予定時刻
36時間前	無線検疫
24時間前	パイロット乗船予定時間(パイロットステーション到着予定時間)の報告、入港予定時刻報告
12時間前	パイロット乗船予定時間(パイロットステーション到着予定時間)の報告
2時間前	パイロット乗船予定時間(パイロットステーション到着予定時間)の報告

　これらの手続きは、国の機関が行っていることが多く、平日しか受け付けて

いない場合がほとんどです。休みを考慮して、その前に申請を済ませなければなりません。特に、その国の休日は日本の休日とは関係のない時に多くあるので注意が必要です。

1.8　無線設備と船の運航

　これまでに紹介したのは、船の運航の一部でしかありません。それぞれ相手があっての通信です。伝える内容、距離、物、機器それぞれの特徴があって、適切に使い分けなければなりません。それらの概要と使い方、特徴を本書から学んでください。

▼ **コラム：電話が通じない**

　　入港 24 時間前、48 時間前に入港地の管理者へ入港予定時刻を連絡しなければいけないことがあります。そのとき、いくら相手の電話やファクシミリ、テレックスを呼んでも相手から応答がありません。こんなときどうすればいいでしょうか？

　　こたえ：MF/HF 無線装置の無線電話、NBDP を使ってみる。

　　途上国の場合、都市であっても電話事情が悪く（有線）電話、ファクシミリが使えない場合が多々あります。そんなときに無線通信は役立ちます。「世界海上無線通信資料」等で港所属の海岸局を調べると、無線電話、NBDPの周波数が書いてあります。

第 2 章　船舶用無線通信機器

　陸上や船舶と通信するため、船舶用の無線装置は航海中での利用を考えて、多くの場合船橋周辺で利用できるように設置されています[*1]。

　ほとんどの場合、無線通信装置を利用するには無線従事者[*2]と無線局の免許[*3]が必要です。さらに国際航海[*4]をする船舶では国際的な取り決めであるSTCW 条約（International Convention on Standards of Training Certification and　Watch keeping for Seafarers）で決められた通信士の免許を持つ人が操作しなければなりません。

2.1　VHF 無線電話装置[*5]

　図 2.1 は近距離での無線通信に用いられている通信装置です。世界中で利用できることから「国際 VHF」といわれることが多い装置です。相手が見える範囲[*6]内の通信に向いています。船と船が相手を避けるときの航海士同士の意志疎通や、入港予定時刻を伝えたり荷役の指示を受けるための陸上の代理店との通信や、水先人（パイロット）の乗船予定時刻や到着時刻を知らせるためのパイロットステーションとの通信に利用されています。

　この通信装置は、航海船橋に設置されています[*7]。無線電話ができるほか、

[*1] 無線設備規則 38 条の 4、2：義務船舶局に備えなければならない無線設備（遭難自動通報装置を除く。）は、通常操船する場所において遭難信号を送り、又は受けることのできるものでなければならない。

[*2] 無線従事者免許証。

[*3] 免許状。

[*4] 船舶安全法施行規則：国際航海とは 1 国と他の国との間の航海をいう。

[*5] 超短波帯の無線設備（施 28 条 1 項）

[*6] このことを'見通し距離'といいます。

[*7] 無線設備規則 38 条の 4、1：義務船舶局に備えなければならない無線電話（F3E 電波156.8MHz を使用するもの）は、航海船橋において通信できるものでなければならない。

図2.1　DSC 用聴守受信機（左上）と VHF 無線電話装置（右）

遭難時にメッセージを周囲の船に自動的に伝えることができたり、相手を自動的に呼び出す機能（DSC : Digital Selective Call）を組み込んだ通信機が多く利用されています。

　VHF 無線電話装置の仲間として、VHF 無線電話受信機があります。ガード受信機ともいわれます。これは航路や混雑した海域を航行するときに 16ch 以外にも複数のチャンネルを常時、聴守しなければならない場合に利用されます。

図2.2　VHF 無線電話受信機（ガード受信機）

2.2　MF/HF 無線通信装置[8]

　図2.3 は、VHF 無線電話装置では通信できない、離れた海域を航行するときに用いられる通信装置です。MF は中波あるいは中短波ともいい、HF は短波ともいいます。この通信装置は、無線電話とアルファベットによる文字通信[9]が可能です。発射された電波は直接相手に届くほか、上空 100〜400km にある

---

*8　中短波及び短波帯の無線設備（施 28 条 1 項三）

*9　NBDP のこと。

図2.3　DSC機能付き中・短波帯　　図2.4　ワイヤアンテナを装備した船の例
　　　の無線装置

電波を反射する性質のある層（電離層）で反射して伝わります。電離層で反射した電波は電離層と地球との間を反射し続けるので、見渡せる距離以上でも通信ができます。

　使用する周波数、出力、時間によって通信できる距離が変化します、数百km先に届かない電波が、数千km先に届いたり、条件が良ければ地球の裏まで届くこともあります。使用するにあたっては通信できる周波数を選ぶ必要があります。

　通信するためには使用する電波の波長に応じた長いアンテナが必要です。MF/HF無線通信装置が搭載されている船には、図2.4のようなワイヤや、長い棒状のアンテナが船橋の上の甲板に設置されています。そのアンテナと送信機の間には、電波の発射を良好に保つように調整するアンテナチューナがあります。

2.3　インマルサット衛星通信装置

　MF/HF無線通信装置で送信する出力をどんなに大きくしても、時間や場所によっては、通信できないことがあります。また、アンテナや通信装置が大きくなるために設置できる船舶に限りがあります。

　これらを解決するために船舶用の通信衛星が開発され、太平洋、インド洋、東大西洋、西大西洋の赤道上空36,000kmにインマルサット衛星が打ち上げられています。船舶用として南・北緯70度以下の海域で利用でき、それぞれの

図2.5　インマルサットC用　　　図2.6　インマルサットC用端末（ディスプレイ、
　　　　アンテナ　　　　　　　　　　　　キーボード、プリンタ）

提供するサービスの種類によって端末（Terminal）やアンテナが異なります。

　インマルサット衛星を使った通信は、国際電気通信業務（公衆通信）として扱われるものもあります。

§1.　インマルサットC

　テレックス通信ができるもので、外洋を航行する船舶にインマルサットFと共に多く搭載されている無線通信装置です。

　文字通信のテレックスやデータ通信[*10]しかできませんが、アンテナがインマルサットFにくらべ小型かつ簡易であるため設置場所を選ばないのが特徴です。さらに、海上安全情報を受信できる EGC（Enhanced Group Calling、イージーシー：高機能グループ呼出）受信機能も兼ね備えているので、外洋を航行する船舶の必須無線装置の一つになっています。

　また、LRIT（Long Range Identification and Tracking、エルリットまたはリィート）や SSAS（Ship Security Alert System、エスエスエーエス）の通信装置としても利用されています。陸上からの命令に応じて船の位置等のデータを自動送信するポーリング機能や、船から陸へ自動で位置等のデータを自動で

---

*10 600bps。オプションとして電子メールサービスもあり。

送信するデータレポーティング機能があります。

　他のインマルサットの通信との違いは、データを蓄積して転送していること
です。直接、海岸地球局と接続されずに、送信するデータは一度端末に蓄積さ
れて、回線の混雑度合や優先順位に応じて適切な間隔で相手側へデータを送信
します。そのため、相手に届くまで数分〜十数分間かかります。

§2. インマルサット Fleet Broadband（フリートブロードバンド、FB）

　船からのインターネット接続を重視した通信装置です。一般の電話、ファク
シミリとの通信が可能です。音声通信等とインターネット接続が同時に可能で
す。なお、ISDN 接続はできません。動画や音声のインターネット経由での配
信にも考慮されています。パケットデータ通信速度（ベストエフォート）はア
ンテナサイズにより決まり FB250 では 284kbps、FB500 では 432kbps です。
船舶に搭載されるアンテナは図 2.7 のようなプラスチックでできた覆い（レ
ドーム）で保護され、中には 50cm 程度のアンテナが入っていて、船が旋回し
たり揺れても常にインマルサット通信衛星の方向を向く機構を備えています。

§3. インマルサット Fleet Xpress（FX）

　船と衛星との電波をより周波数が高い Ka 帯（20／30GHz）によるインマル
サット GX 回線とインマルサット FB 回線（L 帯（1.5／1.6GHz））との組み合
わせによるインターネット接続用の装置です。

　最大 4Mbps（下り、ベストエフォート）での接続が可能な GX 回線と、広
い範囲で利用できる FB 回線との組み合わせで広い海域で利用ができ、従量課
金ではなく固定課金制度を採用しています。帯域保証制度も用意されています。

§4. その他のインマルサット

　インマルサット通信衛星を利用した船舶用の端末には、これまでに紹介した
ほかに D＋、ミニ M があり、これまでに終了したサービスには A や B、M が
あります[11]。その概略の機能を次にまとめます。

---

　[11] 航空用にはインマルサット Aero があります。

図 2.7　インマルサット FB500 船内装置と端末(左)とアンテナ（右側のレドーム）(右)

端　末	機　能
A	アナログ。テレックス、電話・ファックスができる。B と同じ程度のアンテナが必要。2007 年末にサービス終了。
B	デジタル。テレックス、電話、ファックスができる。2016 年末にサービス終了。
ミニ C	C より送信出力が低く、アンテナが小型化されている。サービス内容は C と同じ。
D＋	C よりも通信速度(4～128bps)、出力を抑えて、装置を小型化。SSAS などに用いられている。
M	電話・ファックス・2,400bps のデータ通信ができる。B より小型のアンテナでよい。2016 年末にサービス終了。
ミニM	電話・ファックス・2,400bps のデータ通信ができる。M より小型のアンテナのため、利用海域が限られている。2016 年末にサービス終了。
F	電話、ファクシミリ、データ、ISDN 接続、パケット接続が可能。最大 64kbps。2020 年 11 末にサービス終了。

2.4　衛星船舶電話

　ドコモ・モバイル株式会社による日本国内向けの通信衛星 N-STAR を使った、船舶や山間部の自動車などの移動体向け通信サービスです。ワイドスター II サービスと専用の端末では、電話、データ通信（64kbps データ通信、衛星→船 384kbps、船→衛星 144kbps）が行えます。電話には携帯電話と同じような 090 から始まる番号が割り当てられ、船舶ということを意識せず電話が使えます。

　また、携帯電話同様に衛星船舶電話は無線局でありながら、無線局の許可や無線従事者の免許は不要です。

　図2.8　衛星船舶電話

　図2.9　衛星船舶電話のアンテナ

2.5　携帯電話

　海上での携帯電話は沿岸に基地局があって、船が基地局を見通せる範囲内で、船外であればほぼ陸上と同様に利用することができます。状況が良ければ、船外でなくても、図2.10のように窓にアンテナや携帯電話、データ通信のユニットを近づけることでも利用が可能です。

　携帯電話の特性上、東京湾北部のように多数の基地局からの電波が伝わるような場所だと、基地局の切替えが適切に行われないため電波が強くても通信できない、または、しにくい場合があります。

　WiMAXやPHSは、沿岸航海中は基地局まで電波が届かないため利用できませんが、サービスエリアであれば錨泊中や岸壁係留中に利用可能です。

　船での緊急事態であれば、携帯電話の場合は、"118"で海上保安庁に通じるようになっています。

　図2.10　携帯電話回線を利用した
　　　　　データ通信用カードとルータ

2.6　船上通信設備

　船上通信設備（施2条1項40の3）は、現場では"トランシーバ"、"船上通信装置"、"Walkie-talkie（ウォーキートーキー）"などと呼ばれ、荷役や点検など接岸や係留時の船上での通信に用いることができる通信装置です。多くが持ち運び可能な「トランシーバ」形状ですが、固定型もあります。形が双方向無線電話や陸上の業務用無線機や片手で利用できる VHF 無線電話装置と似ている場合がありますので、中身と用途を確認してから利用しましょう。

　可燃性ガスのある箇所でも安全に利用できるような構造を持ち、検定を受けた防爆型のものもありますので、利用する場所に応じて使い分けをしましょう。

表2.1　船上通信設備の例

周　波　数	457.525MHz、457.550MHz、457.575MHz
送 信 出 力	2W 以下
変 調 方 式	FM
選択受信方式	有（トーン）

2.7　船舶自動識別装置

　レーダーでは昼でも夜でも同じように船の動きを知ることができました。しかし、レーダー映像の判読は誰でも簡単に船の動きがわかるものではなく、十分な訓練が必要です。また、船か、そうでないかの判断は自動化できていないこと、そして、島陰などレーダーの電波が届かない場所を航行する船の動きは知ることができませんでした。

　船舶自動識別装置（Universal Automatic Identification System：UAIS または AIS、エーアイエスまたはアイス）は、この欠点を解消するために開発されたもので、船舶の航行状態を定期的に送信しています。その電波を他の船舶で受信し解読することで、船がどの方向へ移動しているのかをわかるようにしています。

　機能としては、船舶動静情報自動送受信装置ということができます。

　航行している船の識別や行動が簡単にわかるようになるので、見えている船

図2.11　さまざまな形状の船上通信
　　　設備

図2.12　船上通信設備（左）と双方向無線
　　　電話（右）

の動向を知って衝突防止に役立てたり、狭水道での航行管制（VTS：Vessel Traffic Service System、ブイティーエス）や、船の位置通報や、捜索救助に役立てることができます。

図2.13　各種トランシーバー（デジタル簡
　　　易無線機、業務無線機、VHF無線
　　　電話装置）

§1. AIS の概要

　図2.14に示すようなAISを装備した船舶は、識別信号（船名）、位置、針路、船速などの情報をVHF帯の電波[12]を使って自動的に送信（12.5W）しています。他船のAISによる情報はAIS装置のディスプレイに表示するほか、電子海図表示装置やレーダー上に表示して利用します。AIS装置間で文字情報を伝え

---

[12]　161.975MHz、162.075MHz（施12条5項）

図2.14　船舶に搭載されている AIS 装
置（左：送信機・アンテナ、右：
表示機）

たり、通信することもできます。

§2. AIS の情報

　AIS の情報は表2.2のように、船の
情報として頻繁に変わるもの（動的情
報）とそうでないもの（静的情報）に
区別され、情報の種類と船の動きに応
じて送信間隔が違います。

　それぞれの船舶が送信している情報
を電子海図上に表示したものが、図
2.18です。これは、三重県鳥羽市の
鳥羽商船高専で受信したある日の伊勢
湾周辺の状態です。

§3. 目的地の入力

　目的地の入力には、他の船から見て
その船の動きを容易に理解できるように入力する必要があります。IMO
（IMO：International Maritme Organization、アイエムオー、国際海事機関）
では、誤解を生じることがない LO コードによる入力方法を勧告[13] していま
す。

　規格[14] では半角英数文字の最大20文字が入力可能となっています。実際の
機器の中にはそれ以下のものもありますし、長いと勘違いする場合もあります。
短くかつ、自分の動きをわかるような入力を心がけましょう。

- 最初の6文字は LO コードで発航地
- 発航地と次の寄港地を '＞' で区別（分離記号）
- 次の寄港地が LO コードを有しない場合は '＝＝＝' の後に一般的な英
  語名称

---

[13] SN/Circ. 244 Guidance on the use of the UN/LOCODE in the destination filed
　　in AIS messages.

[14] ITU-R M. 1371 又は総務省告示

図 2.15　AIS の利用イメージ

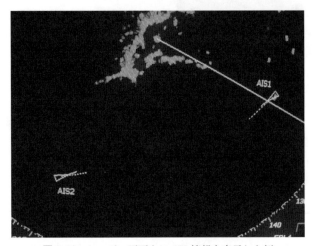

図 2.16　レーダー画面上に AIS 情報を表示した例

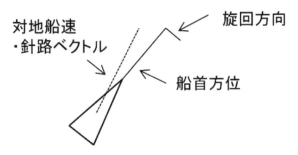

図 2.17　AIS での他船の表示と意味（活性ターゲット、Active target）

表 2.2 AIS で得られる情報

情報の種類	（特徴）	送信間隔
静的情報	（船固有の情報）	6 分
MMSI 番号	初期入力	
IMO 番号	初期入力	
長さ	初期入力	
幅	初期入力	
船の種類	初期入力	
動的情報	（運航情報）	速力により変化
世界標準時	GPS より	
位置	GPS より	
対地針路	GPS より	2 秒（23 ノット以上）
対地速力	GPS より	〜
船首方位	ジャイロコンパスより	3 分（停泊中）
回頭率	ジャイロコンパスより	
航海状態	船員による入力	
航海関連情報	（航海目的など）	6 分
船舶の喫水	船員による入力	
危険な積荷の種類	船員による入力	変更後随時
目的地と到着予定時刻	船員による入力	
通信文	（放送と通信文）	随時
放送通信文	全船舶対象	随時
宛先付き通信文	個別	

　地域に応じて決められた入力をする必要があります。例えば、日本では海上
交通安全法と港則法で決められた形式で入力しなければなりません。

1) 日本丸がホノルルから東京港晴海埠頭に向けて大洋航海中

US HNL ＞JP TYO H

日本に近づいたら

＞JP TYO H

2) 名古屋港へ

　鳥羽丸が鳥羽から名古屋港ガーデン埠頭へ

＞JP NGO N2

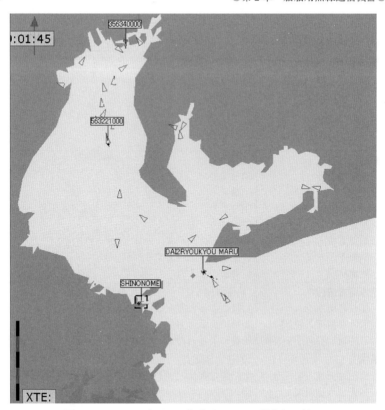

図2.18　PC上に表示した伊勢湾でのAIS搭載船の様子

3）鳥羽丸が学校専用桟橋（池の浦湾内）に向かっている場合
（LOコードも、法律でも指定されていない。）
名古屋港の近くでは
＞JP TOB
池の浦に近くになったら
＞JP ＝＝＝IKENOURA（TOB）

§4. AIS情報の有効利用

　図2.18、図2.19は、伊勢湾の北部、四日市港と名古屋港の入口付近の電子

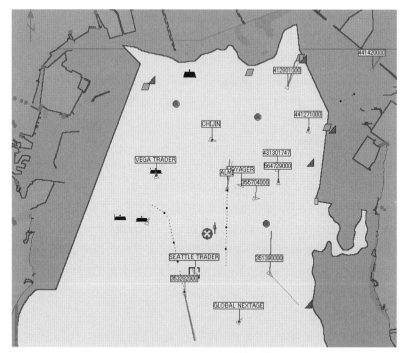

図 2.19 PC 上での AIS 情報の表示

海図上に AIS 情報を表示したものです。多くの船舶がいるのがわかります。

例えば、まだ、静的情報（船名など）が受信できていない MMSI 番号 441420000 の船は、名古屋港内に向かっています。静的情報が受信できたので船名が判明した VEGA TRADER は、シーバースに係留中のようです。その他の、SEATTLE TRADER、GLOBAL NEXTAGE、CHIJIN、VOYAGER などは錨泊中のようです。353282000 は軌跡を見ると四日市港を出た後、南下中なのがわかります。

この中で、351390000 の船は見た目、南下しているようですが、実際は北上している船舶です。これはこの船のジャイロコンパスからのデータが誤って AIS に入力されているため太線で示される GPS から得られる対地針路と異なって表示されたものです。

§5. 機器側の問題

　図2.21のように機器の設定がおかしいと他船から見て誤解を招く危険があります。この場合はジャイロコンパスからのデータの誤りでしたが、この他にGPSで利用している測地系がWGS–84でなかったり、ジャイロコンパスデータが誤っていたり、得られていなかったりしていることが多々あります。

§6. 利用者側の問題

　AISが伝えるメッセージのうち、船員が自ら入力しなければならない目的地、ETA（到着予定時刻）などの情報は入力を忘れてしまうことが多く、過去の目的地やETAが入力されたまま航行している船が多くあります。このほか、幅、船名の設定がなされていない問題のある船もあるのが現状です。

　データは正しいものの、行き先が「JAPAN」であったり、船名が「NANTOKA MARU (^_^)」と顔文字が付加されていたりすることもあります。

§7. 装備義務船舶

　国際航海を行う場合は、すべての旅客船と総トン数300トン以上の船舶、国内航海の場合は、500トン以上の船舶（漁船を除く）に設置されています。

§8. 安全な利用

　レーダー等に表示されているAISの表示とデータは、見ている時のものではなく、受信した過去のものです。したがって、変針直後だとその変化が表示されていなかったり、混信があった場合などはかなり前の情報が表示されていることがあります。AIS以前は、肉眼による見張りだけでなくレーダー、そして、ARPAなど電子機器による見張りが行われてきました。AISの導入後はAISの情報を利用した「見張り」を行うことができるようになります。

　しかし、すべての船舶に搭載されているわけではないので、AISの情報だけで自分の周囲に船がいると考えたり、避けたり、判断してはいけません。

　船員としては、海上衝突予防法にあるように「適切な見張り[*15]」を行うこと

---

*15 海上衝突予防法（見張り）第5条

が必要なのです。

2.8 船舶長距離識別追跡装置

　船舶長距離識別追跡装置(施28条6項)は LRIT　(Long Range Identification and Tracking of ships、エルリットまたはリィート)と呼ばれる、国際航海に従事する旅客船および総トン数300トン以上の船舶に搭載される通信装置又は、その機能のことをいいます。

§1. 目的

　船がどこを走っているかを AIS や運航する船舶の会社が確認するほか、船を登録している国自身が責任を持ってどこを航行しているかを確認するものです。

§2. 仕組みと機能

　搭載された船では6時間ごとに、船籍国に設置されたデータセンタに宛てて、LRIT 情報(船舶の ID、位置、測位時刻)が送信されます。必要に応じて、データセンタから船舶に向けて LRIT 情報の確認を行うことができます(ポーリング)。

§3. 通信装置の例

　搭載した船舶の航行する海域から、もれなく、LRIT 情報の通信ができなければならないので、多くの船舶ではインマルサットのうち、インマルサット C に LRIT の機能を組み込み、LRIT としても運用できるようになっています。

2.9 船舶保安警報装置

　船がテロリストに襲われたときに、識別信号、日時、位置などの情報を犯人に知られることなく知らせる装置を、船舶保安警報装置(Ship Security Alert System：SSAS、エスエスエーエス)といいます。これは、国際海事機関(IMO)

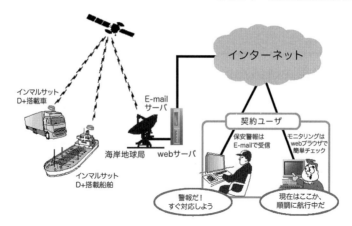

図2.20　インマルサット衛星を使った船舶保安警報の伝送イメージ（KDDI資料より）

がSOLAS条約上で500トン以上の国際航海を行う船舶への搭載を義務づけた
装備です（施28条3項）*16。

§1. SSASの仕組み

　図2.20は船を含む移動体からの緊急情報を伝送する仕組みを示しています。
遭難警報と違って、船舶保安警報は、これが送信（発射）されたことをランプ
やアラームなどで知らせることができないようにしているので、犯人に知られ
ることなく、陸上の第三者へ船が襲われたことを知らせることができるように
なっています。

　メッセージの送信先は、あらかじめ所属する会社、警察や海上保安機関を登
録しておきます。事前に任意の場所へメッセージを伝送するようになっている
ことは、遭難警報と大きな違いになっています。

1. 専用のボタンで発信ができる
2. 2か所以上の場所に設置
3. 一つは船橋に設置

---

*16 国際航海船舶及び国際港湾施設の保安の確保等に関する法律では、船舶警報通報装置
となっている。

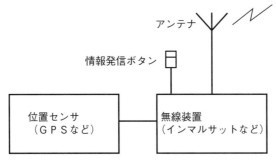

図2.21 船舶保安警報装置の機器構成

4. アラームやランプによる明示がない
5. 停電時も利用できる
6. 発信の解除が可能なこと

§2. 装置の構成

図2.21が船舶保安警報装置の構成図です。GPSなどから位置情報が無線装置に入力されていて、緊急時に押しボタンスイッチを押したときだけ、あらかじめ設定された相手先へ緊急事態が発生したことを知らせるようになっています。

2004年7月、国際航海に従事する船舶への搭載が義務づけられました。外洋のどこからでも通信が行え、確実に陸上に伝えることができるように、インマルサット衛星を利用した通信設備が利用されています。図2.22はインマルサットミニCを使ったSSASの例です。三角型の装置は船外に取り付けられ、アンテナを兼ねています。また、インマルサット衛星のほか、海洋観測に用いられ

図2.22 船舶保安警報装置の例（インマルサットミニCを使うもの：東京計器㈱製）

るアルゴス衛星を使った設備もあります[17]。

練 習 問 題

1　次の文は電波法施行規則に規定する「送信装置」の定義であるが、 □ 内に入れるべき字句を下から選べ。

「送信装置とは無線通信の送信のための高周波エネルギーを発生する装置及び □ をいう。」

(1)　これに付加する装置　　　(2)　空間へふく射する装置

(3)　送信空中線系　　　(4)　その保護装置

　ヒント　送信するためには電源装置、整合回路などさまざまなものが必要です。
　(3)「空中線」とは、電波法でのアンテナのことです。
　答：(1)

2　義務船舶局の無線設備（総務省令で定める無線設備を除く）の設置場所についての電波法（法34条）の規定である。（　）に入れるべき字句を下記の字句群より選べ。

(1)　当該無線設備の（　A　）に際し機械的原因、電気的原因その他の原因による妨害を受けることがない場所であること。

(2)　当該無線設備につき、できるだけ安全を確保することができるように、その場所が当該船舶において可能な範囲で（　B　）にあること。

(3)　当該無線設備の機能に障害を及ぼす恐れのある（　C　）その他の環境の影響を受けない場所であること。

1：管理	2：保守	3：位置	4：安全な位置	5：高い位置
6：操作	7：湿度	8：水・温度	9：騒音	

---

[17] http://www.shiploc.jp

ヒント　(1)揺れても電波が出せるように。　(2)アンテナは高い位置にあったほう
が電波が遠くまで届くし、沈んだときも最後まで電波を出し続けられます。　(3)寒
いところ、暑いところさまざまな場所を航海します。

答：A－6、B－5、C－8

3　次のインマルサットについての記述のうち（　）内に当てはまる字句のう
ち最も適切なものはどれか。

インマルサット船舶地球局は（　A　）上空の、高度（　B　）に位置するイ
ンマルサット静止衛星を経由して通信を行う。（　C　）である。

	A	B	C
(1)	北極	6400km	無料
(2)	北極	36000km	有料
(3)	赤道	6400km	無料
(4)	赤道	36000km	有料
(5)	南極	6400km	無料

ヒント　インマルサット衛星は通信衛星の一つです。静止軌道は地球の半径より
も高いところにあります。

答：(4)

4　インマルサットＣシステムに使用されるアンテナの特徴として、正しい
ものは次のうちどれか。

(1)　パラボラアンテナで、アンテナの指向が常に静止衛星へ向くように自動
追尾装置がある。

(2)　指向性が鋭く、利得が20dBi 程度である。

(3)　インマルサットシステムのなかでアンテナがかなり大きく、設置する場
所が限定される。

(4)　一般に水平面無指向性アンテナで利得は、0～3dBi 程度である。

(5)　利得が12～14dBi 程度の指向性のあるアンテナである。

ヒント　電話等ができないかわりに小型軽量なシステムがインマルサットCです。
答以外は、ほとんどがインマルサットC以外の指向性アンテナを使うシステムの
説明です。

答：(4)

5　インマルサットEGCシステムに関する記述として、正しいものを1、誤っ
ているものを2として解答せよ。

(1)　陸上から船舶に対する通報は極軌道周回衛星を経由して行われる。

(2)　陸上から、通報を特定の海域にいる船舶や特定のグループの船舶にあて
て送信することができる。

(3)　EGC受信機は、陸上からの通報を自動的に受信及び印字することがで
きる。

(4)　EGC受信機は、すべての種類の通報について、通報の種類による受信
の可否を選択することができる。

(5)　EGC受信機は、遭難通信又は緊急通信を受信すると手動でのみ停止で
きる可聴及び可視の警報を発する。

ヒント　静止通信衛星インマルサットを利用したサービスの一つで、遭難に関す
る重要通信は利用するすべての人が受信できるようになっています。(1)陸船間は、
静止衛星で情報がやりとりされます。　(4)重要通信は受信することが義務づけられ
ています。

答：(1)−2、(2)−1、(3)−1、(4)−2、(5)−1

6　周波数150MHzの電波の波長の値として、最も近いものは次のうちどれ
か。

(1)　0.25m　　(2)　0.5m　　(3)　0.75m　　(4)　1m　　(5)　2m

ヒント　波長＝$\dfrac{光速}{周波数}$より、$\dfrac{3\times10^8}{150\times10^6}$

周波数がMHzならば、次の式が簡易。$\dfrac{300}{MHz}$

答：(5)

7　衛星通信についての次の記述のうち、正しいものはどれか。

---

(1)　現在の通信衛星は、ほとんどが円形極軌道である。

(2)　衛星局の太陽電池の機能が停止する食は、夏至及び冬至期に発生する。

(3)　地球局から衛星への通信をアップリンクという。

(4)　使用周波数は高くなるほど、降雨による影響が少なくなる。

ヒント　(1)GPSや気象衛星、コスパス衛星、サーサット衛星など一部の衛星が円形軌道（極軌道）です。　(2)衛星が地球の影に入ることを食といい、発電用の太陽電池に太陽光があたらなくなります。　(3)反対をダウンリンクと呼びます。

答：(3)

8　衛星通信における地球局設備についての次の記述のうち、誤っているものはどれか。

---

(1)　アンテナには、指向性の鋭いアンテナを使用する。

(2)　通信衛星は楕円軌道のため、アンテナに追尾機構が必要である。

(3)　受信機の初段には、低雑音増幅器を使用する。

(4)　送信機には高出力増幅器が望ましいが、実効放射電力は規定値内にしなければならない。

ヒント　(2)船舶の場合、追尾機構が必要ですが、楕円軌道の通信衛星ではなく、静止衛星です。

答：(2)

第 3 章　通話表を使った無線電話通信

　日本丸の呼出符号は「JFMC」です。これを"ジェイエフエムシー"と無線電話で発音したとき、聞いた人が「エフ」を「エス」、「エム」を「エフ」と勘違いして、「JSFC」になってしまうことがあります。これらを防ぐために通話表を使った通信方法があります。例えば「JFMC」の場合は、「Juliett-Foxtrot-Mike-Charlie」と伝えることで、相手に正確な情報を届けられるのです。

表3.1　欧文通話表

文字	識別語	発　音	文字	識別語	発　音
A	Alfa	**AL** FAH	N	November	NO **VEM** BER
B	Bravo	**BRAH** VOH	O	Oscar	**OSS** CAH
C	Charlie	**CHAR** LEE	P	Papa	PAH **PAH**
D	Delta	**DELL** TAH	Q	Quebec	KEH **BECK**
E	Echo	**ECK** OH	R	Romeo	**ROW** ME OH
F	Foxtrot	**FOKS** TROT	S	Sierra	SEE **AIR** RAH
G	Golf	GOLF	T	Tango	**TANG** GO
H	Hotel	HOH **TELL**	U	Uniform	**YOU** NEE FORM
I	India	**IN** DEE AH	V	Victor	**VIK** TAH
J	Juliett	**JEW** LEE **ETT**	W	Whiskey	**WISS** KEY
K	Kilo	**KEY** LOH	X	X-ray	**ECKS RAY**
L	Lima	**LEE** MAH	Y	Yankee	**YANG** KEY
M	Mike	MIKE	Z	Zulu	**ZOO** LOO

（注）**太字**の音節を、強く発音します。

3.1 電気通信術

　無線電話による通信では、情報を正確に相手に伝えるために、表3.1、表3.2
に示す法律で定められた用語を使って、通信を行うことがあります*¹。無線を
取り扱う人のための試験（無線従事者国家試験）は、「電気通信術」という試
験科目があって、通話表を使って情報を正確に伝えることができるかを確認す
る実技試験があります。実技試験が行われるのは、欧文です。和文は、試験が
ありませんが、使う機会は多いので覚えましょう。

表3.2　和文通話表

朝日のア	いろはのイ	上野のウ	英語のエ	大阪のオ
為替のカ	切手のキ	クラブのク	景色のケ	子供のコ
桜のサ	新聞のシ	すずめのス	世界のセ	そろばんのソ
煙草のタ	ちどりのチ	鶴亀のツ	手紙のテ	東京のト
名古屋のナ	日本のニ	沼津のヌ	ねずみのネ	野原のノ
はがきのハ	飛行機のヒ	富士山のフ	平和のヘ	保険のホ
マッチのマ	三笠のミ	無線のム	明治のメ	もみじのモ
大和のヤ		弓矢のユ		吉野のヨ
ラジオのラ	りんごのリ	るすいのル	れんげのレ	ローマのロ
わらびのワ	ゐどのヰ	かぎのあるヱ	尾張のヲ	おしまいのン
｜　長音	└ 段落	⌒下向きかっこ		、くぎり点
゜ダクテン	゜半ダクテン	⌒上向きかっこ		
数字のひと	数字のに	数字のさん	数字のよん	数字のご
数字のろく	数字のなな	数字のはち	数字のきゅう	数字のまる

---

*¹ 109 ページを参照のこと。

表 3.3　和文の文例

レ	レ	イ	デ	ツ	ア
ヨ	マ	コ	シ	ト	シ
∟	セ	ト	ヨ	ヨ	タ
	ン	モ	ウ	イ	ニ
	ヨ	ア	∟	コ	ナ
	、	ル	デ	ト	レ
	ガ	カ	モ	ガ	バ
	ン	モ	ワ	ア	、
	バ	シ	ル	ル	キ

┌─ 送話の仕方 ─┐

はじめます　ほんぶん
　あさひのあ
　しんぶんのし
　たばこのた
　にっぽんのに
　なごやのな
　れんげのれ
　はがきのはにだくてん
　くぎりてん
　……
　よしののよ
　だんらく
おわり

欧文の例

```
ABCDE FGHIJ KLMNO
HJIKN KQUIT KIOZO
HJZIO HIOKI OAOQQ
ZIQIZ
```

┌─ 送話の仕方 ─┐

はじめます　ほんぶん
アルファ　ブラボー　チャーリー　デルタ
エコー
フォックストロット　ゴルフ　ホテル　イン
ディア　ジュリエット
キロ　リマ　マイク　ノベンバー　オスカー
ホテル ・・・・・・・
ケベック　インディア　ズール
おわり

3.2　訂正の仕方

　訂正の仕方は、和文では、間違えた文字から2、3字前からいい直します[*2]。欧文の場合も同様ですが、5文字暗語[*3]のため特殊です。図3.1のように行ってください。受話の訂正は、誤った文字を横2重線で訂正し、余白に正しい文

[*2] 無線従事者規則3条、平成2.12.3告示721号。

[*3] 法律用語。5文字の語群からできた、他人からは内容がわからない言葉のこと。普通は、暗号といわれることが多い。

暗語の訂正の基本

ABCDE FGHIJ KLMNO
H–J の間で間違えたら、F からいう
K–L の間で間違えたら、F からいう

暗語の場合の訂正の例

語の始まりで間違えた場合
（問題）ABCDE UYTOP OUIKL ZEIKL HGFFF VKIFL
（発声）ABCDE UYTOP Z
O を Z といった場合「訂正 UYT..」とする

語の途中で間違えた場合
（問題）MLKIY ZXBYU AQTYT QAWBZ QBCDW OIKIL
（発声）MLKIY ZXBYU AQB
T を B といった場合「訂正、AQT..」とする

図 3.1　欧文の訂正例

字を書きます。

3.3　受話の基本

　鉛筆を使用します（シャープペンシルは、故障、芯の折れなどの事故を考えるとお勧めできません）。消しゴムは不要です。**和文は縦書きカタカナ、数字は漢数字で書きます。欧文は横書き大文字ブロック体**です。和文では、ニとニ[*4]、ハとハ[*5]、欧文では U と V、D と B、Q と O、Y と T、C と G の区別をつけて書くようにしてください。

[*4] "に（ニ）" は下を短く書くのが普通。
[*5] ハ（8）は右が長く、ハは左を長く書くことが多い。

3.4　送話の基本

はっきりと

　送話の試験では、はっきりと話しましょう。分からない文字は、一呼吸おいて続けます。良くないのは、思い浮かばないからといって「え〜。え〜、えっと」などということです。これだけで、誤字として減点されることもあります。

おしまいではありません

　送話のとき、「はじめます」「本文」・・・・・・「おわり」を忘れないようにしてください。「おわり」を「おしまい」といってしまう人も多いので注意してください。欧文は、5文字暗語なので、語と語の間は十分間隔をあけ、リズミカルに送話しなければいけません。

必ず訂正を

　間違えたら訂正をしましょう。訂正と、誤字では減点数が大きく違いますので、誤ったと気付いたら、必ず訂正するように心がけてください。

まじめに

　送話の試験は、1対1で行われます。そのとき態度や服装が悪いと（品位として）減点の対象となります。挨拶や服装、髪型にも気をつかうようにしましょう。

3.5　練習方法とコツ

　おおよそ、和文の送話と、欧文の受話ができれば通話表を使った無線電話通信は合格したと思って良いでしょう。

すこしずつでいいから、毎日真剣に

　普段から、教科書や電車の吊り広告などを使って、送話の練習ができます。必ず、口に出してやりましょう。このとき、ふざけて通話表以外の言葉を使っ

ていると、試験のときに間違って言ってしまうことがありますので、真剣にやりましょう。

ア〜ン、A〜Z の早書き

受話でつまづくのは、文字を早く書けないからかもしれません。受話の練習のときは、文字を早く書く練習もしておきましょう。

練習方法は、さまざま―――

友達同士で、送話受話を交代でやる方法や、IC レコーダや携帯電話の録音機能に自分の送話を録音して、それを再生し受話するといった練習方法もあります。

練 習 問 題

1 無線電話通信において「おわり」の略語を使用する場合は次のどれか。

(1) 通信を終了するとき
(2) 通報の送信を終わるとき
(3) 周波数の変更を完了したとき
(4) 通報がないことを通知しようとするとき

ヒント 「おしまい」ではありません。

答 ：(2)

第4章 電波の伝わり方と通信

　電波は、図4.1のようにいろいろな伝わり方をして目的の場所まで向かいます。その種類には、地上波（直接波、大地反射波、地表波、回折波）、対流圏波（対流圏反射波、対流圏屈折波、対流圏散乱波）、電離層波（電離層反射波、電離層散乱波）があります。電波の伝わり方を電波伝搬といいます。伝搬の仕方は電波の周波数によって決まります。船舶の通信で大切な電波伝搬は、直接波と電離層反射波です。

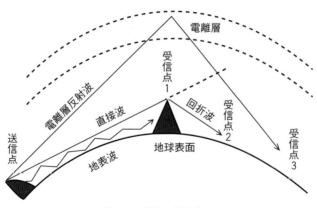

図4.1　電波の伝わり方

4.1　短波帯の通信

　（船上での1等航海士（C/O）と船舶管理会社の通信担当の元、通信長との会話）

　C/O：あれ、通信長じゃないですか。今日はどうしたんですか？無線局の検査の準備で訪船ですか。せっかくだから、いろいろ、教えてくださいよ。今度の新しい3/Oは、3海通を持ってるんだけど、HFは不安定だからって通信し

たがらないで、なんでもお金のかかるインマルサットか電子メールですよ。

通信長：C/O、通信長っていわないでくれよ。今は、陸上の無線担当なんだからさ。そうか、今どきの、3/O の世代はラジオを聞いたりとかアマチュア無線とかしないんだってね。まぁそれだったら無理もないかな。短波（HF）だって、電波の伝わり方を理解し、時間と場所を考慮して、適当な周波数を選択すれば、安定してるんだよ。ただ、経験がいるけどな。短波の伝搬が不安定だからと言うよりも、衛星通信なら比較的簡単に使えるからってことだろうね。せっかくなんだから、いろいろトライするようにいってみたら？っていうか、C/O はできるんだよねえ？

C/O：はい。もちろんできますよ。通信長に教わりましたからね。じゃあ私が教育係になって教えることにしますか。

4.2　電波の伝わる距離

　自分の船の水面からのアンテナの高さ（h_1）と、相手の船のアンテナの高さ（h_2）から直接波が伝わる距離が求められます。この距離を（電波の）見通し距離といいます。（h_1 と h_2 の単位はメートル）

$$直接波の伝搬距離(海里)=2.23\left(\sqrt{(h_1)}+\sqrt{(h_2)}\right)$$

§1. 電離層反射波で伝わる距離・周波数

　24時間、正確な時刻を放送している報時放送は、いくつもの電波（2.5 MHz、5MHz、10MHz、15MHz）から同時に放送しています。これは一つの電波では確実に届くとは限らないためです。

　図4.2は、アマチュア無線家用のある月の各周波数ごとの通信可能時間帯を伝搬可能距離別に表したものです。図中の黒い線で書かれている時間帯が通信可能なことを示しており、数千 km 程度まで電波が伝わる可能性があることがわかります。しかし、同じ周波数でも時間や距離によって伝わる距離は変化しています。中波や短波帯での通信には利用する周波数と伝搬可能距離に気を使わなければなりません。

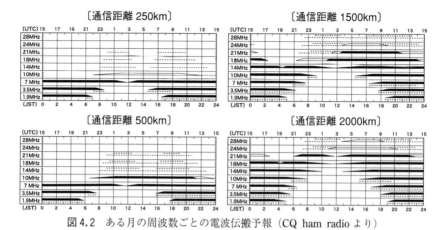

図 4.2　ある月の周波数ごとの電波伝搬予報（CQ ham radio より）

4.3　周波数による電波の特性と用途

　電波はテレビ放送やラジオ、携帯電話のほか、船舶や航空機の通信にも使われています。船舶で使用されている電波の周波数は、100 kHz の長波から 15 GHz の極超短波の領域まで、広い範囲を使用しています。表 4.1 は、周波数帯と、その使いみちを表したものです。

1. 長波（Low Frequency：LF、エルエフ）は、船が海上の位置を測定するための電波航法（ロラン C）と電波時計で使用されています。長波は、大地と電離層で反射を繰り返しながら減衰*1 しないで遠くまで届きますが、空電雑音*2 が多いので、単純な電波の ON–OFF の電波航法や電波時計には使われていますが、音声通信には使われていません。

2. 中波（Medium Frequency：MF、エムエフ）は、長波ほど遠くまでは届きませんが、電波の伝わり方が安定しているので、ラジオ放送（AM ラジオ）に使われています。船では中波ビーコン（13.1.3、119 ページ参照）や、沿岸域での放送*3 に使用されています。そして、見通し距離よ

---

*1 弱くなること。

*2 雷などによる雑音のこと。

*3 例えば、ナブテックス（15.5、131 ページ参照）は 550km の有効範囲。

表 4.1 周波数帯と用途

名　称	周波数	主な用途	伝わり方
長波 LF	30kHz～300kHz	ロラン C（100kHz） 電波時計（40kHz など）	地表波 電離層 反射波
中波 MF	300kHz～3MHz	中波ビーコン（280～320kHz） AM ラジオ（518～1612kHz） 無線電話、NBDP	地表波 電離層 反射波
短波 HF	3MHz～30MHz	無線電話、NBDP ファクシミリ放送	電離層 反射波
超短波 VHF	30MHz～300MHz	無線電話	直接波
極超短波 UHF	300MHz～3GHz	EPIRB　インマルサット	直接波
マイクロ波 SHF	3GHz～30GHz	衛星船舶電話、レーダー	直接波

り遠い場所との無線電話通信[4] に用いられています。

3. 中短波[5]

　電波法では、「中短波帯」が定義されており、広い定義では 1605～4000kHz の間の、中波と短波の間の周波数となっています。

4. 短波（High Frequency：HF、エッチエフ）は、4～27MHz では無線電話[6] や NBDP（136 ページ参照）、ファクシミリ放送（75 ページ参照）などで使用されています。この周波数の電波は、電離層で反射し、長波帯にくらべて小電力で遠くに届くので、遠距離通信に使用できます。しかし、同じ周波数の電波でも電離層の高さや密度が時間や季節によって変化するため、夜になると高い周波数は電離層を突き抜けてしまうので、昼間届いた場所に電波が届かなくなることもあります。

5. 超短波（Very High Frequency：VHF、ブイエッチエフ）は、光に似た直進性と空電雑音が少ないため、近距離[7] の無線電話通信に使われています。

---

[4] 無線を使った音声の通信を、無線電話通信という。
[5] 甲短波帯の定義（施 28 条 2 項）：1606.5～3900kHz と（連）2 条 1606.5～4000kHz
[6] 例えば、2003 年 3 月まで '遠洋船舶電話' として、KDDI が運営していた。17.251MHz
[7] 見通し距離。おおよそ 50km 以下。

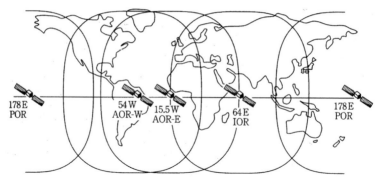

図4.3　インマルサットの利用可能海域と衛星配置（「移動通信辞典」より）

6. 極超短波（Ultra High Frequency：UHF、ユーエッチエフ）は、船では、インマルサット衛星通信や衛星船舶電話、船上通信設備に使われています。陸ではコードレス電話や、携帯電話、PHS、電子レンジ、カーナビゲーションに必要な GPS*8（Global Positioning System）などにも使われています。

7. マイクロ波（Super High Frequency：SHF、エスエッチエフ）は電波の進み方が光に似て直進性が高いので、レーダーに使われています。また、アンテナを小さくできるため、衛星放送や衛星通信に使われています。

4.4　海事通信衛星（インマルサット）

　船から世界中へ、また世界中から船へ、いつでも電話やファクシミリをすることができます。それを実現しているのは、人工衛星を使った衛星通信のおかげです。

　現在、大洋を航行する船舶で主に使用している通信衛星は、国際海事衛星機構（INternational MARitime SATellite organization）*9 の、インマルサット衛星です。この衛星は、1990 年代より図4.3のように4個の静止衛星*10 で、ほ

---

*8 NAVSTAR ともいう。

*9 現在、国際移動衛星機構と民間のインマルサット会社による運営。

*10 赤道上空約 36,000km で地球の自転速度と同じ速度で動く人工衛星。

図4.4 船に設置されたインマルサットB用アンテナ

ぽ、地球全域（高緯度地域を除く）をカバーし、2021年12月現在では、予備衛星を含めると14個の通信衛星群です。

使用周波数は、電離層を突き抜け雑音の少ない1.6GHzや30GHz帯を使用しています。インマルサット用の衛星通信の設備を持つ船には、図4.4のようなレドームと呼ばれる球状のカバーの中にアンテナと、常に衛星にアンテナを向けるための追尾装置があります。

練習問題

1 次の記述の（　　）内に当てはまる字句の組合せとして、正しいものはどれか。

海事衛星通信用のアンテナの自動追尾方式には、主としてステップトラック方式が用いられることが多い。これは、衛星から発信されるビーコン信号を受信しながら、アンテナをわずかずつ動かし、受信レベルが上昇すれば、（　A　）に、下降すれば（　B　）に動かすことにより、その受信レベルを（　C　）とする方式である。

	A	B	C
(1)	逆方向	同方向	最小
(2)	逆方向	同方向	最大
(3)	同方向	逆方向	最小
(4)	同方向	逆方向	最大

ヒント　インマルサットCを除くインマルサットで利用されているタイプの自動追尾アンテナのことを説明した文章です。

答：(4)

2　次の記述の（　）内に当てはまる字句として、正しいものを下の字句群から選べ。

ナブテックス放送に使用する（　A　）電波の伝搬は、昼間においては、地上約（　B　）kmの高さにある電離層のD層で、空間波が（　C　）されるため、地表波による伝搬が主体となる。一方、夜間においては、D層が（　D　）するため、D層より（　E　）位置にある、E層での反射波が主体となるので、昼間より遠くまで伝搬する。

| 1：LF　　2：MF　　3：VHF　　4：吸収　　5：反射　　6：低い |
| 7：高い　　8：生成　　9：消滅　　10：60～90　　11：200～400 |

ヒント　この説明は中波帯の伝搬の説明で、525～1,605kHzで行われているAMラジオ放送も同じ性質の電波の伝わり方です。

答：A-2、B-10、C-4、D-9、E-7

3　超短波帯において、通信可能距離を延ばしたい。次の方法のうち誤っているものはどれか。

(1)　空中線（くうちゅうせん）の高さを高くする。

(2)　利得の高い空中線を用いる。

(3)　鋭い指向性の空中線を用いる。

(4)　空中線の放射角度を高角度にする。

(ヒント)　アンテナ（空中線）の放射角度は、電波の打ち上げ角度に比例するので、高い角度にしないほうがよい。

答：(4)

4　短波の伝わり方で、誤っているものはどれか。

---

(1)　波長の長い電波は電離層を突き抜け、波長の短い電波は反射する。
(2)　遠距離で受信できても、近距離で受信できない場合がある。
(3)　波長の短い電波ほど、電離層を突き抜けるときの減衰が少ない。
(4)　波長の短い電波ほど、電離層で反射されるときの減衰が多い。

(ヒント)　波長と周波数は反比例の関係にあります。例えば、周波数が高くなると波長は短くなります。

答：(1)

5　次の文の　　　　部分に当てはまる字句の組合せは、下記のうちどれか。

電波が電離層を突き抜けるときの減衰は、周波数が高いほど、　A　、反射するときの減衰は、周波数が高いほど　B　なる。

(1)　A：大きく　　　B：大きく　　　(2)　A：大きく　　　B：小さく
(3)　A：小さく　　　B：小さく　　　(4)　A：小さく　　　B：大きく

(ヒント)　電離層を突き抜けることを前提にしているのが衛星通信です。反対に電離層で反射することを期待して通信をしているのが短波帯です。

答：(4)

コラム：E-mail

　　陸上の仕事でその便利さが認識されている E-mail。パナマ運河のように、事前通報を E-mail で受け付ける機関も増えています。

　　船舶では、各社・各船ばらばらの対応をしています。船長（だけ）に専用のメールアドレスを発行し、航海士以下が共通で仕事だけに利用している船や、乗員全員にプライベートまで含めて使用させている会社、まったく配慮していない船 etc.

　　通信会社ではだんだんと、さまざまなサービスが開始されています。例えば、KDDI のインマルサットサービスでは、データ通信サービスやインターネット接続サービスが開始されています。しかし、通信料金が 1 分あたり数百円以上であったり、パケットあたりの単価や、基本料金が高価なので、陸上と同じようには利用できません。

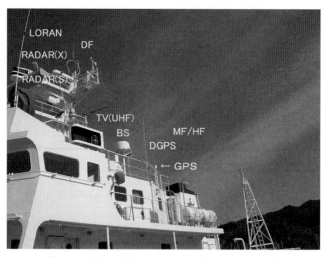

図 4.5　船舶の甲板上にあるさまざまなアンテナ群

第 5 章　船舶での気象観測

　日常生活に欠かせない天気予報は、各地の気象現象の観測結果と過去の気象から予測されています。そのため、現時点での気象を適切に観測しないと、天気の予想は正しいものにはなりません。

　洋上の観測点は陸上に比べて少ないので、航行中の船舶は気象観測を行うことが義務づけられています[*1]。図5.1は洋上の船舶からの観測結果の風向と風速、呼出符号を示したもので、これらのデータと気圧から等圧線が描かれます。このように多くの船舶からの情報を取り入れて天気図や予報が作られています。

5.1　観測の項目と方法

　気象観測は、検定を受けた正しい測定器と、決められた観測方法で実施します。それぞれの観測の仕方や通報の仕方は、図5.2の書類と物品に記載されていますので、必ず読んで理解しておきましょう。

　観測項目は以下のとおりです。

　気圧、気温、露点温度、風向、風速、雲量、雲形、雲の高さ、視程、現在天気、過去天気、水温、波浪の高さ、波浪の方向、波浪の周期、海氷の状態、船体着氷の有無等。

　これらの項目を決められた方法で観測し、定められた様式で報告します。

§1.　気　　圧

　観測は3時間ごとの協定世界時の正時に行います。気圧は決められた観測時

[*1] 気象業務法7条（抄）．船舶安全法4条の規定により無線電信を施設することを要する船舶で政令で定めるものは、気象測器を備え付けなければならず、国土交通省令で定める区域を航行するときは気象及び水象を観測し、気象庁長官に報告しなければならない。

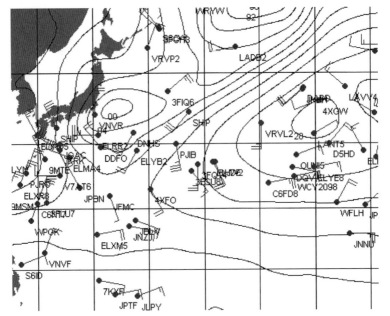

図5.1　船舶からの通報と天気図（Ocean Weather Inc. ホームページより）各観測点の風
　　　向風速、呼出符号（日本丸、北斗丸、大成丸、にっぽん丸など）が書かれている。

刻ぴったりに、気圧計で測定します。

　気圧計はアネロイド型指示気圧計や振動式気圧計を利用します。

§2. 気　温

　図5.3の左のような自動観測機器により測定されたデジタル値であればその
値を、右のような乾湿球温度計であれば温度計に太陽の光が当たらないように
注意しながら、目を温度計の目盛の高さと平行にして、1／10℃ まで読み取り
ます。（図5.3の右の状態で測定した気温は、太陽の光があたっているので正
しい値とはいえません。）

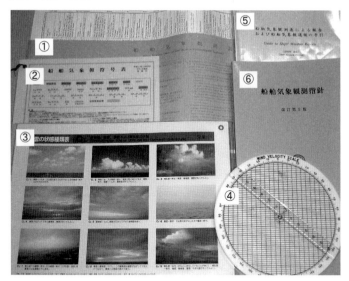

図 5.2 気象観測に必要な書類と物品
（①気象観測表、②船舶気象報符号表、③雲の状態種類表、④真風向風速計
算尺、⑤報告と通報の手引、⑥船舶気象観測指針）

図 5.3 気温等の測定（左：自動観測機器、右：百葉箱内の乾湿球温度計）

図5.4　マスト上に取り付けら　　図5.5　風向風速計の表示部の例
れた風向風速計

§3. 露点温度

　露点温度とは、大気中に含まれている水蒸気が水になり始める温度のことで
す。露点温度計があればその値を露点温度とします。露点温度計がなければ乾
球温度計と湿球温度計の値を用いて「露点温度を求める表」を用いて求めま
す。

　空気が乾燥していれば低く、湿っていれば高くなります。

　通常、露点温度は湿球温度より低くなります。表で求めた値が、湿球温度と
比較して正しいかどうか判断することができます。

§4. 風

　風向と風速は、船体の影響を受けない場所に設置された風向風速計（図5.4）
を使って測定します。それぞれの値は船の進行方向と速度に関係がなく、10
分間の平均でなければならないので、瞬間値や見かけの値を記入しないように
注意が必要です。

　図5.5は、風向風速計の表示器の一つで、これは航行中でも自動的に真の風
向風速の平均値や瞬時値を表示することができます。このような機能がない場

合は、自船の速力と相対的な風向と風速の値から「真風向風速計算尺」（図5.2の④）等を用いて真風向風速を求めます。

測定した値は、ビューフォート風力階級表に書かれている参考波高と、現在の波高と比較して正しいかどうかを判断します。

§5. 雲

雲の観測は割合や形や高さを判断するのですが、これらの観測は機械では行えないので、人間が「船舶気象観測指針」に従って区別し、観測・報告します。

まず、雲の割合を雲量といいます。空の全部[*2] を 10 とした場合の、現在の雲の割合を観測します。次に、雲形は「雲の状態種類表」を用いて高層、中層、低層の雲を各層 9 種類の中から区別して報告します。

雲の高さは、雲の底（雲底）の高さを目で見て判断します。雲の高さは種類によってだいたい決まっているので、いつも、高さがわかっている山などと比較して雲底を計る練習をしておきましょう。

図5.6 は、富士山（3,776m）の上にできた雲です。この場合、雲底高さは山の標高から想像すると 4,000m ぐらいになります。この雲は高積雲といい、

図5.6 富士山（3776m）の上空にできた高積雲（C_M4）

---

*2 全天という。

図5.7　視界内に降水あり（雲の下で降っている）撮影：ハワイ沖

山頂付近にできる、形が常に変化する強風に伴う上昇気流による雲です。この写真の場合、雲の高さ、形状から、中層雲である C_M4 に分類します。

§6.　視　　程

　遠くの船舶や地形などの水平線上の目標が見えなくなる距離を計ります。月が見えたからといってもそれは視程ではありません。観測は正常な視力で行い、双眼鏡を使ってはいけません。目標までの正確な距離の測定には、レーダーを使用するとよいでしょう。

§7.　天　　気

　晴れ、曇といった分類ではなく、「船舶気象符号表」による観測時刻前1時間以内を100の気象現象に分類した「現在天気」と、観測時3時間内[*3] ないしは6時間内[*4] までの天気を示す「過去天気」とで表します。
　現在天気は観測時の降水の有無によって分類されます。また、観測点に降水がなくても図5.7のように、周囲で降水が観測できる場合は、「視界内降水あ

[*3] 観測時刻（世界時）03、09、15、21時。
[*4] 観測時刻（世界時）00、06、12、18時。

図5.8 海水温度の測定用の採水バケツ(手前)と温度計

り」として分類します。図5.7は、'現在天気16'の「視界内5km未満に降水があり、海面に達しているが観測点にはない。」となります。

過去天気は、観測時間前の天気現象を完全に表現する分類を選びます。

§8. 水 温

海面下1〜2mのよく混合した水を採水して測定します。船舶では、機関の冷却海水採入口に設置された温度計の値を利用するか、図5.8のような専用のゴム製の二重採水バケツによって水を汲み上げ、船上で水温計を使って測定します。採水バケツや水温計が日射によって温められないようにします。

図5.8の採水バケツ背面にあるポリバケツは、日射によって採水バケツが温められないように水が入っていて、観測しないときは採水バケツをこのポリバケツの中に入れておきます。海水温度は気温と同じぐらいの値が普通ですので測定した値が正しいかどうか判断の目安になります。しかし、海流によっては気温よりも高くなったり、低くなったりすることもあります。

§9. 波 浪

波浪は、風浪とうねりで報告します。風浪とは風によってできた波のことで、うねりは、観測場所付近で吹く風によって直接おこされたものでない波のことです。それぞれの高さと周期を観測します。図5.9に示すように、波高によってその周囲の天気は、簡単に想像できるものです。遠くにいる人に現在の天気の様子が伝えられるように、自分の船の高さ（乾舷や構造物）等を参考にして正確に波の高さを目測しなければいけません。

§10. 氷

海が凍結して起こる海氷（Sea Ice）と、しぶきが船体に付着して凍結して

図5.9　波高と天気現象の関係の例

起こる船体着氷（Icing）は「船舶気象観測指針」の分類に従い報告します。

5.2　観測したデータの送信

　観測したデータは「船舶気象報符号表」や、コンピュータと専用のソフトウェアを使って定められた形式に数値化します。

　観測が正しいか判断するために、3時間前の観測の結果と比較しましょう。また、気象学的に正しい値であるか確認するために、気象庁が作成した専用ソフトウエアを使うこともできます。確認後、報告に使用するスタイルに変換します。変換されて数値化されたものを気象通報文といいます。

　気象通報文は、観測した海域に応じて割り当てられた担当の国の気象機関にすみやかに送信しなければなりません。例えば、日本の周辺海域では気象庁が担当していますし、米国ではNOAA（National Oceanic and Atmospheric Administration：アメリカ海洋気象局）が担当しています。

───── **数値化された気象観測データ** ─────

```
23004 99351 11368 41697 60912 10183 20125 40257 54000
70322 8641/ 22223 02184 20702 310// 41504 80149
```

§1. 送信方法

気象通報文は、それぞれの機関に指定された方法で送信します。宛先や通報文の形式は、使用する通信手段や気象機関によって多少異なります。また通信手段によっては、無料の場合とそうでない場合があります。以下に、通信手段別の特徴を述べます。

インマルサット

通信衛星インマルサットを利用するときは、送り先とその情報内容を明確にするため、担当する気象機関が指定する海岸地球局のID[5]と気象通報専用コード[6]を選んでから通報文を送信します。

通報文の前には船の呼出符号が 'JQTH' の場合、'BBXX JQTH' を本文の前に付け足します[7]。そして、本文を送り、その後、'.....'（ピリオド五つ）を付け加えます。

NBDP

MF/HF 無線通信装置に付属する機能の NBDP による場合は、各国によって対応が異なります。例えば、日本の場合は受け付けていませんが、米国の場合は受け付けています。ただし、受け付ける海岸局に制限があり、できるだけ沿岸警備隊（U.S. Coast Guard）の海岸局に送るようにとの指示があります。

この場合は、通報文に「OBS METEO WASHDC」を本文の前に付け足し、通報の最後に '＝' を付け加えます。

─────────────────────────────

[5] 山口海岸地球局でインマルサット C の場合、"203"。
[6] 41，OBS 等。
[7] 前置という。

─── インマルサットの気象通報文の例 ───

```
BBXX JQTH
23004 99351 11368 41697 60912 10183 20125 40257 54000
70322 8641/ 22223 02184 20702 310// 41504 80149 ......
```

─── NBDP の気象通報文の例（米国宛）───

```
OBS METEO WASHDC
23004 99351 11368 41697 60912 10183 20125 40257 54000
70322 8641/ 22223 02184 20702 310// 41504 80149
=
```

§2. 通 信 料 金

　多くの場合、気象通報にかかわる通信料金は、担当する海域および海岸局（海岸地球局）を利用すれば、担当する気象機関が負担することになり、船は負担する必要がありません。

　しかし、送信方法や、設備を指定どおりに行い、そして、担当する気象機関に負担が掛からないように、指示に従って送信しましょう。（送達確認を OFF にする。指定海岸局を利用する。etc）

5.3　気象観測と予報

　船舶の気象観測は、数少ない洋上での気象データであり、気象状態の理解や気象予報のために重要で、かつ欠かせないものです。できる限り観測し、各国の気象機関に通報しましょう。

　観測して通報したデータは図 5.1 のように集められて、そして、陸上のデータと合わせて解析され天気図（地上解析図）や、予報に用いられる基礎データとなります。つまり正確な観測と通報は、自分の航海の安全に役に立つことにつながります[8]。

---

[8] 気象庁では海上気象観測通報と呼んでおり、多く通報した船舶を表彰しています。平成 15 年には日本丸、平成 18 年には青雲丸が表彰されています。

練 習 問 題

1 次の設問のうち、誤っているものを一つ選べ。

(1) 気象通報では気圧の変化傾向を9種類に分類して、観測時間の前3時間
の変化を表現している。

(2) 気圧の観測値は、観測地点の高度によって異なるので、平均海面での気
圧に合わせた海面補正を行う。

(3) 気圧の測定は、船舶の場合、アネロイド型指示気圧計を用いることが多い。

(4) 地上天気図（解析）に記入されている気圧で、134と書かれているのは、
1013.4hPa の意味である。

(5) 地上天気（解析）図に記入されている等圧線は6hPa ごとである。

(ヒント) (2)通常気圧計に、補正値が記載されている。"+1.0hPa"とあれば、測定
値に1.0hPa を足した値が、海面補正された気圧である。　(5)4hPa ごと。

答 :(5)

2 次の設問のうち、誤っているものを一つ選べ。

(1) 風向の観測結果は、風上側を16方位あるいは36方位で表現する。

(2) 36方位で00は北を表す。

(3) 風向風速は、観測時間前10分の平均を採用する。

(4) 風速計は、ひらけた場所の地上10m の高さに設置することを標準とす
る。

(5) 最大瞬間風速とは、風速の瞬時値の最大を表したものである。

(ヒント) 00とは風が無く風向が定まらない静穏（Calm）の状態のことで、北風は
36として表します。

答 :(2)

3　次の設問のうち、誤っているものを一つ選べ。

(1)　気圧の観測は決められた観測時間の1秒たりとも遅れても早くてもいけない。

(2)　風向とは風が吹いてくる方向をいう。

(3)　地上解析（天気）図で表現されているのは国際式天気図記入法であり、塗りつぶされた丸印（●）は、雨を表している。

(4)　海面水温とは、海面から1～2mのよくかきまざった海水の温度を計らなければならない。

　ヒント　(1)世界中で一斉に測っています。　(2)海流や潮流のみ流向として、流れていく方向を示します。　(3)日本式なら正解。しかし、国際式天気図記入法では丸印は雲量を示しており、●であれば、全天が雲で覆われている状況であるが、雨かどうかはこれだけではわからない。過去天気や現在天気を調べる必要があります。
　(4)バケツで採水して測る方法や、機関の冷却水として利用している冷却海水温度を利用する方法があります。

　答　：(3)

コラム：おはようございます

　通信の始めにこんな挨拶がありました。
　「『通信丸』こちらは『よこはまほあん』。おはようございます。」
　109ページの"無線通信の原則"では、簡潔かつ無駄がないように通信しなければならないはずでした。でも、人と人とが話すのです。ケンカ腰でも、ぼそぼそと話してもよくありません。挨拶をして、そして、はっきり話しましょう。
　「『よこはまほあん』こちらは『通信丸』。了解しました。ありがとうございます。さようなら。」
　通信終了を示す「さようなら」の前に「ありがとうございました」のお礼も忘れずに。

第 6 章　船舶位置通報制度

　船舶位置通報制度*¹（SHIP REPorting Systems：SHIPREP、シップレップ）
は、ある区間を航行するときに、どの航路を走るのかと、航海中の決められた
時間ごとに自分のいる位置を陸上の人に伝えておくものです。万が一、連絡を
とることもできずに沈没した場合に、どの海域で沈没したかを陸上でわかるよ
うにした制度です。

　この仕組みは、1979 年の海上における捜索及び救助に関する国際条約
（Search And Rescue：SAR、サー）で設立が要請され、現在、多くの国で運用
されています。

　最近の傾向として、各国の領海（排他的経済水域を含む）を航行する外国の
商船は、その国の船舶位置通報制度に従って位置、航海計画を届け出ることが
義務づけられることが多くなっています。

　これとは別に航路や水路を航行するときの位置通報があります。（1.4 節
11 ページ）

6.1　仕 組 み

　図 6.1 は、月港から星港へ航海する船から連絡が途絶えた場合、船位通報
制度を利用した場合の遭難位置を推定する仕組みを図示したものです。

　月港から星港までの航海で B 航路を使い、春浜沖と夏岬沖で位置を知らせ
て来る予定の船が春浜沖での位置の報告の後、到着予定時刻を過ぎても星港に
入港せず、夏岬沖からの位置の報告のない場合、この船は、春浜と夏岬の間で
遭難したものと考えることができます。

---

*¹ 船位通報制度ともいう。

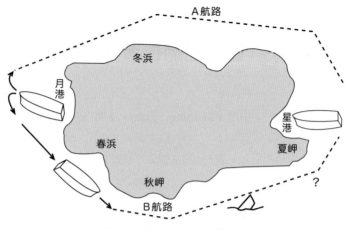

図6.1　位置通報制度の仕組み

§1. 通報の種類

　「通信丸」がA港とB港の間を航行する場合、海図に予定とする進路（コースライン）を引き、航海計画を立てます。

　計画した航路の通過予定地点と、航海速力、到着予定時刻を陸上の機関に伝えます（航海計画）。A港を出航した「通信丸」は、一定時間間隔で陸上の機関へ「通信丸」の位置を報告します（位置通報）。そして無事にB港に到着した「通信丸」は陸上の機関へB港へ到着したことを伝えます（最終通報）。

§2. 連絡が途絶えた場合

　陸上の機関は「通信丸」の航海計画を記録し、定時に通報される位置通報を待ちます。万一、位置通報がない場合は、無線などを使って「通信丸」を呼び出して無事を確認します。連絡が取れない場合は、遭難にあったものとして、捜索救助機関による捜索救助活動が行われます。また、周囲の船舶に、捜索および救助の協力要請がある場合もあります。

§3. 変更があった場合

　届け出た航海計画より悪天候や海流・潮流が予想以上に速いなどの理由によ

り、十分な対地速力が得られなかったり、行き先を変更した場合は、そのこと
を陸上の機関に伝えなければなりません（変更通報）。

6.2　日本の位置通報制度

日本には海上保安庁*² が運営している JASREP（Japanese Ship REPorting
System、ジャスレップ）があります。北緯 17 度より北、東経 165 度より西の
海域にあるどの船も無料で参加することができます。

JASREP は、船舶が通報する航海計画と航海中の船舶の位置（24 時間以内の
その船の行動を表す適切な位置）などの情報をコンピュータで管理し、船舶の
動静を見守る制度です。

海上保安庁への連絡は、無線電話と NBDP（Narrow Band Direct Printing、
エヌビーディーピー）を使って海上保安庁の指定された海岸局と無線で行いま
す。この場合、通信料は無料です。簡単な通報であるならば、無線電話を使い、
変針点が多いなど通報が複雑であるならば NBDP を使うほうがよいでしょう。

このほか、海上保安庁あてのテレックスや、近くの海上保安部・署への書面
や有線電話によっても通報は可能ですが、通信費は利用者の負担になります。

§1.　気象通報と JASREP

定時に観測し船の位置の情報を含む船舶からの気象通報は、船位を定期的に
伝える意味で有意義です。そのため、海上保安庁では気象庁と連係し気象庁に
送られた気象通報のうち、前もって JASREP の航海計画で申請のあった船舶に
ついては、気象通報上の船の位置を気象庁から海上保安庁に位置通報として自
動的に転送するようになっています。

6.3　JASREP の通報

JASREP が必要としている、船からの情報（通報）は表 6.1 に示す、位置を
中心とする情報です。

---

*² 海上保安庁警備救難部管理課運用指令センター。

表6.1　JASREPの通報内容（内航船の場合）

項　　目	内　　容	補　　足
航 海 計 画		
	JASREP SP	船舶番号など
A	船名/呼出符号等	
B	出港日時	
G	出発港	
I	目的港/到着予定日時	
L	RL/区間速力/緯度/経度/到着予定日時	
X	65字以内のコメント	船舶電話番号や積荷など
V	医療要員の乗船の有無	船医・看護師乗船の有無
位 置 通 報		
	JASREP PR	
A	船名/呼出符号等	
B	位置の日時	
C	緯度/経度	
E	現在針路	
F	予定平均速力	
X	65字以内のコメント	
最 終 通 報		
	JASREP FR	
A	船名/呼出符号等	
K	到着港名/到着日時	
C	緯度/経度	
X	65字以内のコメント	

区切りを '/'（スラッシュ）で表す。

§1. 航 海 計 画

　航海計画（SP : Sailing Plan、エスピー）は、出港するとき、または対象海域に入ったときに通報します。これは、自船の行動計画を伝えるもので、航海する前や出航直後に行うことがほとんどです。この航海計画は、航海士が作成する航海に使用する変針点からの距離や方位、速力、それぞれの区間速力を決

定した「航海計画」よりは簡単にしたものです。

　出発港から目的港までの間を機関の平均速力だけで計算してはいけません。途中の海潮流、風の影響などを考えて、遅れることのないように計画を立てます。L項目は、どこの航路を通るか推定するために3か所以上明記しなければなりません。

§2. 位 置 通 報

　位置通報（PR：Position Report、ピーアール）は、自船の現在位置を伝えるものです。前回の通報から24時間以内に行うことになっています。遅れることがないように自船の行動に合わせて通報します。

　航海計画を送るときに、'気象観測により位置通報を行う'としておけば、自動的に気象通報より位置情報がJASREPに報告されるようになっています。

§3. 最 終 通 報

　最終通報（FR：Final Report、エフアール）は、航海計画（SP）上での目的地に到着したときに到着場所、時刻を伝えるものです。通常、その船の入港準備作業前に行われることが多いようです。

§4. 変 更 通 報

　変更通報（DR：Deviation Report、ディーアール）は、航海計画（SP）から航路を変えた場合や、到着予定時刻が遅れそうな場合や大幅に早くなりそうな場合に行います。

6.4　通報の送り方

　原則として、指定された海上保安庁の海岸局*³へ表6.2に示された周波数と手段により無線で通報します（参照8ページあるいは「船位通報制度に関する

---

*³ 無線電話の場合：ほっかいどうほあん，しおがまほあん，よこはまほあん，なごやほあん、こうべほあん、ひろしまほあん、もじほあん、かごしまほあん、まいづるほあん、にいがたほあん、なはほあん

表6.2　JASREP で使用する周波数（一例）

	呼　出	通　信
VHF	16ch	12ch
MF 電話	2189.5kHz DSC で呼出	2150kHz
HF NBDP	送信 4179.0kHz 8379.5kHz	受信 4116.5kHz 8419.5kHz

告示」）。

　海岸局まで近く、通報が短ければ VHF の無線電話を、海岸局まで遠く、通報が長ければ短波の NBDP を使うと便利でしょう*4。このほか、テレックス、近くの海上保安部・署への書面での提出、有線電話による方法もあります。

§1.　内航船で VHF を使った通報例

　海上保安庁へ JASREP の通報（航海計画）をどのように送るのかを以下に示します。

　表6.3 は、「通信丸」（呼出符号 JQTH、船舶電話 090-32xx-zzzz）が東京港から御前崎港まで航海する場合の JASREP の航海計画（SP）の内容です。まず最寄りの海上保安庁の海岸局を VHF 無線電話装置で呼び出し、JASREP に参加したいことを伝えてから、この通報の内容を送信します。

　この場合「通信丸」は東京港にいるのですから、表6.2 に従い、VHF 無線電話装置で通信できる「よこはまほあん」を 16ch で呼び出してから通信をします。以下にその例を示します。

（通信のまえに、16ch が他の無線局に使われていないのを確認して…）

通信丸　よこはまほあん、よこはまほあん。こちらは、つうしんまる、つうしんまる、つうしんまる。

よこはまほあん　つうしんまる　こちらは、よこはまほあん。12 チャンネルに変更してください。どうぞ。

通信丸　了解。12 チャンネルに変更します。

通信丸　よこはまほあん。こちらは、つうしんまる

よこはまほあん　つうしんまる。こちらは、よこはまほあん。どうぞ。

通信丸　よこはまほあん。こちらは、つうしんまるです。ジャスレップの航海計画を送りたいのですがよろしいでしょうか？

---

*4 MF の NBDP の受け付けは 2009 年 6 月末で終了。

表6.3 （例）JASREP航海計画の通報文（東京～御前崎の内航船）

項　目	内　容
	JASREP/SP
A	通信丸/内航/JQTH
B	301500J
G	東京港
I	御前崎港/302330J
L	RL/100/3438N/13951E/301500J
	RL/100/3428N/13941E/301915J
	RL/100/3410N/13822E/302330J
X	船舶電話番号 090-32xx-zzzz/訓練生50名

よこはまほあん　はい。どうぞ、送ってください。

通信丸　それでは送ります。

　　　　ジャスレップエスピー

　　A項目　つうしんまる　内航　JQTH　ジュリエット、ケベック、タンゴ、ホテル

　　B項目　さんまるいちごうまるまるジェイ

　　G項目　東京港

　　I項目　おまえざきこう　さんまるにさんさんまるジェイ

　　L項目　1番目　アールエル10ノット　北緯34度38分東経139度51分　さんまるいちごまるまるジェイ

　　L項目　2番目　アールエル10ノット　北緯34度28分東経139度41分　さんまるいちきゅういちごジェイ

　　L項目　3番目　アールエル10ノット　北緯34度10分東経138度22分　さんまるにさんさんまるジェイ

　　X項目　船舶電話番号　090-32xx-zzzz　訓練生50名

　　以上です。どうぞ。

よこはまほあん　はい。L項目の2番目をもう一度お願いします。

通信丸　了解しました。L項目の2番目は、RL10ノット　北緯34度28分東経139度41分　さんまるいちきゅういちごジェイです。よろしいでしょうか？どうぞ。

よこはまほあん　はい。貴船、30日15時東京発、同日23時30分御前崎着のJASREP航海計画受け取りました。参加ありがとうございます。次回の通報まで、さようなら。

通信丸　はい。ありがとうございました。さようなら。

6.5　各国の船位通報制度

　1958年にアメリカによって始められた位置通報制度は、人命救助の目的の
ほかにポートステートコントロール*⁵等の目的のために、現在各国で実施され、
参加強制力が高くなっています。似た制度に、入域通報制度（米国；Notification
of Arraival, NOA）があります。2000年には25か国（地域）でしたが、2012
年には36か国（地域）、2021年現在では38か国（地域）のシステムとなって
います。下記に代表的なシステムを紹介します。

§1．強制的な制度と目的

　外国では、不審な船が自国の近くを航行しているかを監視する目的で船位通
報制度に強制的に参加しなければならない場合があります。その場合、海上保
安庁のような警察組織ではなく、軍隊（海軍）が運用していることが多いです。
　船の位置を陸上の機関に伝えていることから、付近の船舶による救助が妥当
と、船位通報制度を運用している機関が判断した場合には、付近航行船舶に救
助の要請がある場合があります。
　その際、救助に向かうか否かの判断は、船舶の責任者（船長）が行います*⁶。

§2．アメリカ合衆国

　AMVER（Automated Mutual-assistance VEssel Rescue：自動的な相互援助
船舶救助、アンバー）*⁷。24時間以上の航海をする船舶が、いかなる海域、国
籍でも加入できます。位置通報は、少なくとも48時間ごとに1回です。JASREP
のように、気象観測の位置情報とAMVERの間には、位置データの転送はさ
れていませんので、AMVERの位置通報と気象観測結果は、それぞれの機関あ

---

*⁵ Port State Control（PSC）：主権国による船の航行、入港に関する制限を加えること
　　ができる制度。
*⁶ 船員法第14条（遭難船舶等の救助）　船長は、他の船舶又は航空機の遭難を知ったと
　　きは、人命の救助に必要な手段を尽くさなければならない。但し、自己の指揮する船
　　舶に急迫した危険がある場合及び命令の定める場合はこの限りではない。（遭難船の船
　　長の義務については158ページ参照）
*⁷ http://www.amver.com

てに、決められた間隔で通報しなければなりません。

　JASREP に通報された内容は、オプションで AMVER にも中継することができます。

§3. アルゼンチン

　SECOSENA（Safety of Navigation Communication Service）。アルゼンチン海軍の要請により実施されていて、アルゼンチンの領海を航行するすべての船舶に強制されています。

§4. オーストラリア

　MASTREP（Modernised Australian Ship Tracking and Reporting system）。位置通報は AIS によって行い、航海計画や変更通報、最終通報がない制度になっています。

§5. シンガポール

　STRAITREP（STRAIT REPorting system）。マラッカ海峡、シンガポール海峡における強制的な位置の通報制度で、両海峡付近の VTS 運用のための仕組みです。

§6. 他国やシステムとの連係

　JASREP に加入するときに、AMVER への登録を航海計画で伝えておけば自動的に AMVER へも位置情報が通報されます。このような他の船位通報制度との連係はそれぞれのシステムによって異なるので注意が必要です。

練 習 問 題

1 　次の設問のうち、誤っているものを一つ選べ。

（1）　船舶位置通報制度は、SAR 条約上の制度である。

(2)　さまざまな位置通報制度が各国で運用されている。

(3)　位置通報は無線を使って行う方法が一般的である。

(4)　JASREP は気象庁が運用している。

(5)　海上保安庁は、日本での捜索救助機関である。

ヒント　(1)SAR：Search And Rescue、海上における捜索と救助に関する国際条約。
(4)海上保安庁。

答：(4)

2　次の設問のうち、誤っているものを一つ選べ。

---

(1)　JASREP の場合、航海計画で気象通報を位置通報の代わりとするように
　　申し込むことができる。

(2)　AMVER の場合、気象通報を位置通報の代わりとすることはできない。

(3)　大洋以外にも位置通報制度がある。

(4)　領海を通過するだけの外国籍船なので、位置通報制度は関係ない。

ヒント　(4)多くの国で、領海内を航行する船舶に船位通報制度への加入が義務づ
けられるようになってきています。

答：(4)

コラム：船への電話（衛星船舶電話）

　　　日本周辺200海里で電話ができるドコモ・モバイル株式会社の衛星船舶電
　　話。衛星といわなくても衛星船舶電話のことをいっていることがほとんどで
　　す。090で始まる番号ですから、携帯電話のようにもみえます。通信衛星を経
　　由した電話回線なので、遅れ（遅延）が、話の最中に気になります。「うん、
　　そうだよね〜」などの、'あいづち'がやりにくい電話です。用件だけを一方
　　的に話して切るといった、ビジネスライクな使い方がいいでしょう。

第 7 章　ファクシミリ放送と天気図

　海上で天気図を入手するためには、ファクシミリ放送受信機を使って各国の気象機関が行っているファクシミリ放送を受信[*1]します。ファクシミリ放送は、短波帯の電波を使っているために広い海域で受信することができますが、電波の状態は不安定なこともあるので、受信する位置や時間帯によって周波数を選ぶ必要があります。

7.1　主な天気図

　天気図には、地上の気圧や気温、天気の様子を記した地上解析図や、地上から約5,700m上空の気温、風向風速、露点温度を記した高層天気図である500 hPa（ヘクトパスカル）解析図があります。また、これらの予想天気図も放送されています。

　天気図以外に関連する情報として、波浪図、海流、海氷、気象衛星による雲写真が放送されています。

7.2　ファクシミリ放送受信機の取扱い

　図7.1は、ファクシミリ放送受信機の操作パネルと受信した画像が紙に印刷されて出てくるところを示したものです。ファクシミリ放送を受信するこの機械は、安定した回線である有線電話用のファクシミリと下記の点で大きく違っています。これは受信専用で、かつ、電波を受信する受信機には受信した音を聞くスピーカ、レベルメータが搭載されています。そして、任意の時刻に受信を開始できるようにタイマーも内蔵されています。

[*1] 受画（じゅが）ともいう。

図7.1　ファクシミリ放送
受信機による受画

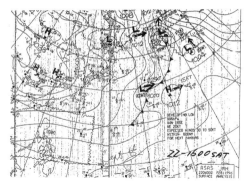

図7.2　13MHzで受信した天気図（混信のため不
鮮明）

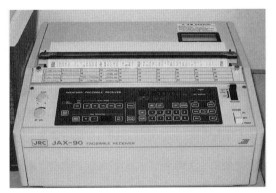

図7.3　ファクシミリ放送受信機の外観

§1. 回転数と協動係数

　ファクシミリでは、送りたい画像は円筒に巻き付けられて、円筒を定速で回転させ画像の白と黒の値を正確に読み取ります。その白と黒を決められた音に変換して相手に送っています。相手は決められた音に対して黒と白に変換しています。

　このときの、円筒をどれくらいの速度で回転させるかを決めたものが回転数です。送信側と受信側を合わせる必要があり*2、天気図の伝送には120rpm

---

*2 同期という。

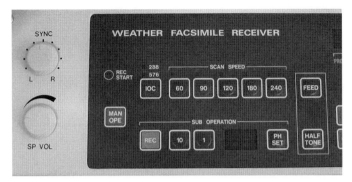

図7.4 操作パネル：ボリューム、回転数、協動係数

(Revolutions Per Minute) が多く使われています。最近では円筒を用いないので SPM（Scan Per Minute）と表記されていることもあります。120rpm の画像を受信しているときは、受信機から1秒間に2回の同期信号（位相信号）[*3] が聞こえるはずです。

また、送られる原稿の横幅が分かっても縦との割合がわからないと、受信したときに縦横比が異なる図ができてしまいます。それを示すのが協動係数（IOC：Index Of Cooperation、共同係数ともいう）といい、576 と 288 があります。天気図の伝送には 576 が多く使われています。

なお回転数と協動係数の情報は、放送開始時刻の始めに放送される起動信号の中に含まれているので、起動信号が適切に受信できれば、あえて設定をしなくてもファクシミリ放送受信機が自動で設定します。

§2. 周波数の選択

ファクシミリ放送は、送信局から船まで直接波で伝わる海域を除けば、ほとんどが電離層で反射した電波（電離層反射波）を受信しています。電離層はその高さや密度が時間や周波数によって異なるため伝わる距離が変化します。そのため、利用する海域や時間、周波数に合わせて受信する周波数を変えなければいけません。このことを考慮して送信所では同時にいくつかの周波数（チャ

---

*3 'ピッ、ピッ、ピッ' という周期的な連続音。

表7.1　ある日の気象庁気象放送局の周波数と受信の状態

呼出符号	周波数 kHz	0900JST 受信強度	1200JST 受信強度	1800JST 受信強度
JMH	3622.5	4	3	4
JMH2	7795.0	4	4	3
JMH4	13988.5	1	3	1

(5 ←強「信号強度」弱→ 1)

ンネル）で放送しているので、強く、かつ安定で、そして混信がなく受信できる周波数を選びます。

　表7.1は、ある日に鹿児島県南九州市にある送信所から気象庁が三つ周波数を使って放送しているファクシミリ放送を200km離れた海域で受信した場合の、受信時刻（日本時間：JST）と周波数ごとの受信強度を5段階で表したものです[*4]。

　三つの周波数で同時に5kWで放送しているものを周波数を切り替えて受信した結果、0900（午前9時）に受信できたのは7795.0kHz以下の周波数で、このうち、最も良好に受信できたのは7795.0kHzでした。同様に1200、1800と受信したところ、受信結果は同じではありませんでした。

　このように、ファクシミリ放送に利用されている短波帯の電波は、時刻と周波数で伝わり方が異なるので、常に受信する周波数の選択に注意しなければなりません。

　目安として、低い周波数は近距離で安定しており、高い周波数は遠距離向きといわれています。

7.3　絵が送られる仕組み

　ファクシミリは送信側と受信側で絵の色に合わせて送る音の高さを決めておいて、絵が細かい枡目からできているとして順番に枡目の色の情報を送ること

---

*4 最新の情報は http://www.jma.go.jp/jmh/jmhmenu.html を参照のこと。

で絵を相手に送っています。これを周波数偏位方式（FSK：Frequency　Shift Keying）といいます。ファクシミリ放送は、白は 1500Hz の高さの音、黒は 2300 Hz の高さの音と決められています[*5]。天気図を受信するときの受信信号の時間経過は以下のとおりです。

--- 信号の変化 ---

放送されていないときは 2300Hz の単一音（ピー音）が送信されていることが多い。

1. 白信号と黒信号が 1 秒間につき交互に 300 回繰り返される信号が 10 秒間続く（‘ビー’という音に聞こえる）（起動信号）
2. 白 5%、黒 95% の信号が 30 秒間続く（位相信号）
3. 黒 5% の位相信号と 95% の画像信号が続く（画像情報）
4. 白信号と黒信号が 300 回／秒で繰り返される信号が 15 秒間続く（‘ビー’という音に聞こえる）（終了信号）

7.4　受信のテクニック

　ファクシミリ放送で送られる情報の中には再放送されないものもあります。なんらかの理由で受信に失敗すると次の情報まで何時間も待たねば情報を得られないので、確実に受信できるようにしなければなりません。

§1.　タイマーを上手に使いましょう

　受信忘れがないようにタイマーを使いましょう。多くのファクシミリ受信機は周波数メモリーとタイマーを持っています（図 7.5 など）。正確に時計を合わせて、起動信号が始まる前にタイマーが入るように設定します。タイマーが働くようにスイッチを切りかえることを忘れずにしましょう。

§2.　あてにならないことも

　放送局によって、起動信号の時間と放送時間が異なることがあります。予定表の送信時刻であっても実際に放送されないことがあります。できるだけ最新

[*5] ‘ラ’の音は 440Hz。

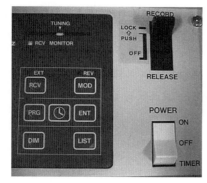

図7.5　タイマーの設定パネルとスイッチ

図7.6　周波数表示とレベルメータ、
　　　　テンキー

の情報を入手しましょう*6。多くの機関が定期的にファクシミリ放送中に放送
変更報*7 を放送していますので、あらかじめこれを受信して手に入れるように
しましょう。また、予定表にある内容が放送されないこともあります。

§3. 周波数の選択は低めに

　良好に受信できる周波数は変化します。時刻に合わせて周波数を変えなけれ
ばなりません。周波数をメモリーする場合は、低めの周波数を設定しておきま
しょう（図7.6）。低めの周波数は日夜問わず安定して受信できるので、結果
として受画できる確率が高くなります。

§4. 音を聞いて周波数を選びましょう

　音や受信の強さや混信をレベルメータや音で確認しながら、強く、しかもはっ
きりと聞こえる周波数に、受信していても変更します。受信を開始した後、周
波数を変えても問題なく受信を継続できる機種がほとんどです。

§5. 天気図は一つと限りません

　日本の天気図が受信できないからといって、その海域の天気図が入手できな

---

*6 気象庁の場合ホームページでも入手できます。http : //www.kishou.go.jp/177jmh/
*7 MANAM と表記されている。MANal AMendment。

いわけではありません。アメリカやその他周辺の国が放送している場合もあります。また、気象機関以外に軍隊が放送している場合があります。あきらめず資料を探して受信してみましょう。

7.5 受信後の作業

天気図は、見てすぐにわかりやすいように、下記の作業をしましょう。

・陸地（フチだけで十分）を緑色で塗る。

・低気圧の L を赤色で、高気圧の H を青色で塗る。

・その天気図が船内時（地方時）で何時のものかを記入する。

・そのときに自船がどの位置にいたかを記入する。

天気図１枚だけで天気を解釈するのではなく、過去の天気図や予想図のデータを理解し、自分の位置の天気の移り変わりとで、天気現象を上空までの大気の動きとして、現在の天気現象を分かるようにしましょう。

練 習 問 題

1 電波伝搬に関する一般的な記述として、誤っているものは次のうちどれか。

(1) 短波帯の電波は多くの場合、電離層の F 層で反射される。

(2) 夜間に中波帯の電波が遠方まで伝搬するのは、電離層のうち、D 層が夜間消滅するためである。

(3) 短波帯通信は、跳躍（スキップ）現象により、地表波も電離層反射波も到達しない不感地帯を生じる。

(4) スポラジック E 層（Es 層）が発生すると、超短波帯の電波が通常伝搬しない遠方まで伝搬することがある。

(5) 電離層の D 層、E 層、F 層のうち、通常最も電子密度が大きいものは D 層である。

ヒント (1)超短波帯は F 層をつき抜けてしまいます。 (5)通常、電子密度が大き

い電離層は、F層です。

　答：(5)

2　次の記述の（　）内に当てはまる字句の組合せとして、正しいものはどれか。

　短波（HF）の電波を使用する無線通信は主として（　A　）を利用し、超短波（VHF）の電波を使用する無線通信は主として（　B　）を利用している。（　C　）を使用する場合は、デリンジャ現象や磁気嵐の影響を受けるが、（　D　）を使用する場合は、これらの影響をほとんど受けない。

	A	B	C	D
(1)	電離層反射波	直接波	VHF	HF
(2)	電離層反射波	直接波	HF	VHF
(3)	直接波	電離層反射波	VHF	HF
(4)	直接波	電離層反射波	HF	VHF

　ヒント　デリンジャ現象は、太陽の活動と関係があります。

　答：(2)

3　短波帯の伝搬に関する説明として、正しいものは次のうちどれか。

---

(1)　不感地帯が存在する。

(2)　空電（雷）による影響はない。

(2)　一般に昼夜に関係なく同一周波数を使用できる。

(4)　昼間は見通し距離でなければ通信できない。

(5)　磁気嵐による電離層の乱れの影響を受けない。

　ヒント　電波の伝わり方を理解し、時間と場所を考慮して適切な周波数を選択すれば、遠距離通信可能なのが短波帯の電波の伝わり方の特徴です。現在の船舶通信のほとんどの遠距離通信は、短波帯の電波の使い方を知らない人でも比較的使いやすい通信衛星を使った通信になっています。

答 ：(1)

コラム：船への電話（インマルサット）

　　陸から船に電話をするとき、国際電話のかけ方とどの程度の料金なのか知っている必要があります。そして、国際電話扱いになりますから、マイラインなどの取扱いがどうなっているかを調べる必要もあります。KDDI等の電話会社のホームページに解説がありますので、詳細はそちらへ…。

第 8 章 データ通信

　携帯電話での電子メールやホームページを見るためのパケット通信。これら
はすべてデータ通信です。データ通信とは、電波を使用したデジタル通信のこ
とで、送りたい情報を 0 と 1 のデジタルデータに変換して、電波で伝送してい
ます。船でのデータ通信は、陸上と違った特殊な用途に利用されています。

8.1　データと情報量

　ある場所に午後 1 時になると電波の送信の有無によって知らせる天気予報を
考えてみましょう。

　この天気予報は明日が「晴れ」か「雨」を知らせるものとします。晴れの場
合は午後 1 時に電波を出し、雨の場合は出さないと決めます。利用者は電波の
有無で明日の天気予報を知ることができます。

　この天気予報のデータ量は「晴れ」「雨」の 2 種類で、この場合、電波の ON
と OFF、いいかえると、0 と 1 で伝えています。

§1. 情 報 量

　前に述べた天気予報の情報は「晴れ」と「雨」の 2 種類があって、このこと
を情報量といいます。情報量が多いものを伝える場合は、ON と OFF を繰り
返すことで表現します。

　例えば、明日が「晴れ」か「雨」「くもり」「ゆき」かを電波を使って知らせ
る予報の場合は、表 8.1 の情報量のように、2 回に分けて電波を ON-OFF し
ます。受信する人がこのルールを知っていれば情報、つまり、天気予報を伝え
ることができます。

　このように情報を、ON-OFF に変えることを符号化といいます。そして、
この符号化した情報を電波にのせることを変調といいます。

表8.1　電波の送信の有無による多種類の情報の伝送の例

天気予報	1回目	2回目
はれ	出す	出す
あめ	出さない	出さない
くもり	出す	出さない
ゆき	出さない	出す

§2. データの誤り

　最初の例の「晴れ」と「雨」を ON-OFF で伝える方式を使ったとき、送信機が故障して電波を出せなかったり、電波が伝わってくる経路（伝搬路）で、強い雷による雑音で聞き取れなかったとすると、誤った情報を利用することになります。このような状態を伝送誤りといい、これを検出したり訂正することを誤り検出および誤り訂正といいます。

§3. 誤り検出の一例

　では、雪のときに、最初から送信機が故障していたり、途中で故障した場合、誤りを検出するにはどのようにすればよいのでしょうか。

　表8.1の情報の伝送の前と後に一定時間、電波を出すと決めれば、故障なのか、天気情報なのかが区別できるようになります。

§4. 誤り訂正の一例

　表8.1の情報の伝送で、送信するものを2回繰り返し、受信側で同じ符号が届けば正しい情報とする方法があります。

　このときに、誤った情報は誤りとして、相手に再送を要求するのを自動再送要求方式（ARQ : Automatic Repeat reQuest）といいます。また、放送のように再送を要求できない場合は、誤った情報は誤りとして利用しない前方誤り訂正方式（FEC : Forward Error Correction）といいます。

　ARQ は NBDP を始め、多くのデジタル通信で用いられています。

8.2　通信装置への誤り訂正の利用

　FEC は、放送のように一方向にしか回線がない場合に用いられ、船舶では
ナブテックスや NBDP の一斉放送に利用されています。ARQ は、NBDP の船
対船、船対陸などの 1 対 1 の通信で利用されています。

　インマルサット C では、誤り検出だけでなく誤り訂正も同時に行えるよう
に、本来の伝送量の半分が誤り検出および訂正に使うための情報になっていま
す。

§1．NBDP

　ARQ と FEC の二つの誤り訂正技術が利用されています。ARQ は、1 対 1 の
通信に用いられ、FEC は呼出し等や気象警報の放送等、広報目的で利用され
ます。

§2．インマルサット

　インマルサット C の伝送速度は 1,200 ビット／秒ですが、そのうち毎秒 600
ビットを誤り訂正符号に用いて、雑音が生じて通信が途絶えがちな状況でも符
号化によって通信を保てるようにしています。これは畳み込み符号という、誤
り訂正技術を用いています。

　このことは、人混みのなかで何度も大声で相手にメッセージを繰り返してい
うのに似ています。

§3．携帯電話

　海上の通信以上に、身の回りではデジタル伝送技術が用いられていて、誤り
訂正および誤り検出が行われています。例えば、携帯電話は、マイクに入った
電気信号（音声信号）を決められた方法で符号化しています。符号化した情報
を電波で送信します。

　受信する側では、誤り検出と誤り訂正を行います。例えば、電波が弱く誤り
訂正ができない場合には、一時的に音声を出さなくしたり、音を小さくするな
どの対応を行います。それでもなお、誤り訂正ができないことが長時間続く場

合は、回線を切断するなどの対応をとっています。

　海上通信だけでなく、携帯電話や衛星放送、地上デジタル放送など日常生活にも情報の誤りに対応した方法が使用され、間違いの少ない環境を実現しています。

練 習 問 題

1　次の記述の（　）内に当てはまる字句として、正しいものを下の字句群から選べ。

　デジタル通信方式は、（　A　）方式を用いることにより、アナログ通信に比べて1通信路当たりの（　B　）を低減することができ、（　C　）、画像、データなどを（　D　）に取り扱うことができる。

　また、デジタル化された信号は、データの蓄積、演算処理が（　E　）である。

1：データ　　2：変換　　3：一元的　　4：必要電力　　5：容易
6：音声　　7：復調　　8：誤り訂正　　9：雑音指数　　10：困難

ヒント　デジタル通信の概念を説明したものです。

答：A−8、B−4、C−6、D−3、E−5

2　海上移動業務で使用する狭帯域直接印刷電信装置（NBDP）に関する記述のうち、正しいものを1、誤っているものを2で答えよ。

(1)　デジタル符号を使用する。

(2)　通信方式には自動再送要求方式（ARQ）と、一方向誤り訂正方式（FEC）の二つの方式がある。

(3)　船舶局からの遭難通信の発信、また、海岸局と船舶局間や船舶局相互間における呼出しに使用される。

(4)　変調方式は周波数偏位方式（FSK）である。

(5) インマルサット船舶地球局の無線設備に接続してテレックス通信を行う通信装置である。

ヒント　MF/HF 通信装置に付加される無線装置で、文字通信ができるものです。

(3)これは DSC の説明です。　(4)ファクシミリ放送と同じ。　(5)誤り。

答 ：(1)−1、(2)−1、(3)−2、(4)−1、(5)−2

3　次の記述の（　　）内に当てはまる字句として、最も適切なものはどれか。

誤り訂正符号を含めて1文字当たり7ビットで構成され、通信速度が100ボーの狭帯域直接印刷電信を使用すると、1分間に最大（　　）文字伝送できる。（※ボーとは1秒間に伝送できるビット数のこと）

(1)　14　　　(2)　420　　　(3)　857　　　(4)　2560　　　(5)　4200

ヒント　1分間の文字数 = $\dfrac{\text{通信速度}}{\text{1文字のビット数}}$　より

答 ：(3)

コラム：VHF16ch の使い方（その1）

　　航行中、聴守義務のある 16ch。ということは誰もが聞いています。法令にあるように、簡潔で丁寧に呼び出し応答の通信を行いましょう。

　　チャンネルを移動するときに、操作ミスや、聞き間違えて相手と通信できなかったときは、再度、16ch に戻って相手を呼び出すか、待ちましょう。

第 9 章　無　線　局

　無線を扱う無線機やそれを使う人を無線局といい、テレビ放送局、携帯電話から人工衛星と通信する通信所など、さまざまな種類があります。この章では、船舶通信に関係する無線局について説明します。

9.1　定　　義

　無線局とは[*1]総務大臣の許可を得て利用する無線用の設備（アンテナや送信機）と、それを操作する人の総称です。

9.2　無線局の種類

　無線局はその利用する目的に合わせてさまざまな種類があります(施4他)。

種　類	目　的
海　岸　局	船舶と通信を行うために、陸上に開設する移動しない無線局
船　舶　局	船舶の無線局のうち無線設備が遭難自動通報設備またはレーダーのみのもの以外の無線局
海岸地球局	人工衛星の中継により船舶との通信を行うために、陸上に設置した無線局
船舶地球局	人工衛星の中継により一定の固定地点にある地球局との通信を行うために、船舶に設置された無線局
遭難自動通報局	遭難自動通報設備（EPIRB など）のみを使用して無線通信業務を行う無線局
陸上移動局	陸上を移動中またはその特定しない地点に停止中運用する無線局

[*1] 無線設備及び無線設備の操作を行う者の総体をいう。ただし、受信のみを目的とするものは含まない（法2条5）。

9.3　無線局の免許と交付までの流れ

　無線局は、総務省（総務大臣）の許可を受けなければ使用することができません。総務大臣が許可した証明書が免許であり、これを無線局免許状（License）といいます。

　免許状が交付されるまでの流れを、以下に示します。

　無線局の開設の申請をします。その条件が合えば予備免許が交付されます。予備免許を交付された無線局は、決められた規格の電波が送信できるかチェックします。チェック等を含んで準備完了になったことを工事の落成といいます。

　予備免許には工事落成の期限が決められていますので、この日までに自分の無線設備が完全であることを確認しておかなければなりません。

　工事が落成したら、総務大臣に落成検査を依頼します。検査官が無線局にやってきて、無線局として必要な事項である、無線従事者の資格、無線設備の内容、法定書類の装備などをチェックして、基準に達していれば無線局免許状が交付されます。

　免許の有効期間は、1、2、5 年などさまざまですが、無線設備の搭載が船舶安全法第 4 条で義務付けられている船（義務船舶局）は無期限です（法 13 条）。

9.4　指 定 事 項

　無線局は、無線局免許状に書かれた内容（指定事項）に従って利用（運用）しなければなりません。船には表 9.1 に示す指定事項（法 14 条 2 項）があります。

9.5　識 別 信 号

　無線局には世界で一つの特別な番号が割り当てられ、それぞれ呼出名称、呼出符号、海上移動業務識別、船舶局呼出番号および海岸局識別番号があります。

表9.1　船舶局の指定事項（抜粋）

指定事項	例	解説
免許の年月日	平成 15 年 4 月 1 日	西暦ではない
免許の番号	25 S 4240	
免許人の氏名又は名称	文部科学省	会社名等
免許人の住所	三重県鳥羽市池上町	会社の住所等
無線局の種別	船舶局	
通信の相手方	船舶局、海岸局	相手に制限あり
通信事項	船舶の運航に関する事項	内容に制限あり
無線設備の設置場所	鳥羽丸	船舶名が書かれる
免許の有効期間	無期限	義務船舶局の場合
識別信号	とばまる	呼出名称は仮名
	JH3304	呼出符号
	431200068	MMSI
電波の型式及び周波数	F3E　156MHz 帯	
空中線電力	25W	最大の電力が記載される
運用許容時間	常時	

§1. 呼出名称

　無線電話に用いられる一般に音声で行われる通信に使用されます。普通、船の名称が割り当てられますが、船の名前は同じものもあるので、呼出名称は、所属などを示す言葉を入れて区別がつくようにしています。

　例えば、鳥羽商船高等専門学校の「鳥羽丸」は「とばまる」で、伊勢湾フェリーの「鳥羽丸」は「フェリーとばまる」と、間違わないように割り当てられています。

§2. 呼出符号

　船の固有の記号としての役割を示すことが多いのが呼出符号（よびだしふごう）です。船名符字（ふじ）とも、コールサインともいわれます。船舶法では信号符字とされています。日本丸は JFMC、鳥羽丸は JH3304 となっています。

　最初の 2 文字（又は場合により最初の 1 文字）は所属する国（船籍）ごとのアルファベットと数字が割り当てられています。例えば、日本船籍の船は JAA ～ JSZ と 7JA ～ 7NZ、8JA ～ 8NZ です。

表9.2　代表的な国の呼出符号および MID 割り当て

国	呼出符号	MID
パナマ	HOA–HPZ, H3A–H3Z, H8A–H9Z, 3EA–3FZ	351–357
リベリア	A8A–A8Z, 5LA–5MZ, 6ZA–6ZZ	636–637
バハマ	C6A–C6Z	308–309
ギリシャ	J4A–J4Z, SVA–SZZ	237, 239–240
キプロス	C4A–C4Z, H2A–H2Z, P3A–P3Z, 5BA–5BZ	209, 210, 212
マルタ	9HA–9HZ	215, 248–249, 256
ノルウェー	JWA–JXZ, LAA–LNZ, 3YA–3YZ	257–259
シンガポール	S6A–S6Z, 9VA–9VZ	563–564
日本	JAA–JSZ, 7JA–7NZ, 8JA–8NZ	431–432
中国	BAA–BZZ, XSA–XSZ, 3HA–3UZ	412–413
ロシア	UAA–UIZ	273
フィリピン	DUA–DZZ	548
韓国	HLA–HLZ, 6KA–6NZ	440–441
北朝鮮	HMA–HMZ, P5A–P9A	445

§3.　番号による表記

　船舶局識別番号や DSC–ID、MMSI（Maritime Mobile Service Identity：海上移動業務識別、エムエムエスアイ）ともいわれ、9 桁の数字で表されています。これは、DSC でのそれぞれの無線局の識別に利用されています。

　9 桁の番号のうち、船の場合は、MIDXXXXX、海岸局または海岸地球局の場合は 00MIDXXXX となっていて、MID（Maritime Identification Digits 海上識別数字）で国を示し、X は 0 から 9 までのいずれかの数字です。

9.6　相手方と通信事項の限定

　無線局を開設する場合、許可する総務省は、その無線局の利用目的を決めて免許を発行（交付）します。

　船舶局の場合は、船と船、あるいは船と陸にある船に関する無線局と通信するために許可されるので、通信の相手は船舶局と海岸局となり、通信の事項は、「船舶の運航に関する事項」や「貨物の運送に関する事項」、「電気通信業務に

関する事項」などその船舶の業務に関係する事項に限られています。

　許可された以外の事項や、目的、相手と通信をすると、「目的外通信」など
で罰せられる対象となります（法52、法110条5）。この場合の罰則は、1年
以下の懲役又は100万円以下の罰金です（法100条5）。

9.7　無線局に必要なもの

　船舶に設置する無線局にはアンテナや送信機、受信機などの無線設備のほか
にさまざまなものが必要になります。

無線従事者	無線従事者免許証を持った人
法定書類	無線業務日誌、無線局検査結果通知書等、国際条約の規程集等
予備部品	故障したときのための予備の部品や、資材等
業務書類	世界海上無線通信資料や無線周知、無線便覧といった資料集等
説明書	無線機器、それに関係する測定機等の説明書類
工具	簡単な整備ならば資格の有無に関係なくできます。

9.8　無線局の例

　船舶（地球）局は、通常操船する場所に通信装置を設けなければならないこ
とになっています。また、VHF無線電話装置は、航海船橋に設置しなければ
ならないことになっています*2。

　古い船では無線室がありますが、最近の船や小さい船では無線室がなく、船
橋内に通信用のスペースがあるだけのことが多くなっています。

　図9.1は、無線室（通信室）に無線設備が納められた例です。図9.2は、船
橋内の海図室（チャートスペース）に設置された無線設備です。

---

*2 設38条の4、1（詳細は16ページ参照）。

図9.1　無線室がある船の無線装置

図9.2　船橋内の MF/HF 無線通信
　　　　装置とインマルサット C、双
　　　　方向無線電話

練　習　問　題

1　無線局を開設しようとする者は、総務大臣または地方総合通信局長にどの
ようにしなければならないか。正しいものを次のうちから一つ選べ。

(1)　その旨を報告する

(2)　その旨を届け出る

(3)　その旨を登録する

(4)　その旨の免許申請する

　　ヒント　許可を受けなければなりません。

　答　:(4)

2　免許人が無線設備の変更の工事をしようとするときは、総務省令で定める
場合を除き、地方総合通信局長に対してどのようなことをしなければならな
いか、正しいものを次のうちから一つ選べ。

(1)　その旨を届け出る

(2)　書類の訂正を受ける

(3)　あらかじめ指示を受けるのみでよい

(4)　あらかじめ申請してその許可を受ける

> (ヒント)　軽微なものを除き、ほとんどの場合、許可が必要です。

　答　：(4)

3　無線局を運用する場合における遵守についての電波法の規定で正しいものには1、正しくないものは2で答えよ。

---

(1)　呼出符号、呼出名称その他総務省令で定める識別信号、電波の型式及び周波数は、免許状に記載されたところによらなければならない。ただし、遭難通信についてはこの限りでない。

(2)　発射空中線電力は、免許状に記載されたものであること。ただし、遭難通信についてはこの限りでない。

(3)　無線局は、免許状に記載された運用許容時間内でなければ運用してはならない。ただし、遭難通信、緊急通信、安全通信、非常通信、放送の受信その他総務省令で定める通信を行う場合及び、総務省令で定める場合はこの限りでない。

(4)　無線局は、免許状に記載された相手方及び通信事項以外は通信してはならない。ただし、運用許容時間以外及び、総務省令で定める場合はこの限りでない。

> (ヒント)　(2)空中線電力は最小であること。　(4)運用許容時間以外に通信してはいけません。

　答　：(1)−1、(2)−2、(3)−1、(4)−2

4　総務大臣が無線局の免許を与えない者にはどのような者があるか。電波法の規定から間違っているものを選べ。

　次の各号に該当する者には、無線局の免許を与えない。

(1)　日本の国籍を有しない人

(2)　外国政府又はその代表者

(3)　外国の法人又は団体

(4)　法人又は団体であって、上記に掲げる者がその代表者であるもの又はこ

れらの者がその役員の1／4以上若しくは議決権の1／4以上を占める者

ヒント　原則として外国人には日本で日本の電波を使うことを認めないことになっています。しかし、会社組織等で役員のうち外国人の割合が1／3以下ならば認めることになっています（法5条1項）。

答：(4)

5　予備免許を受けた者が工事設計の変更を行う場合について、電波法の規定（法9条）に照らし正しくないものはどれか。

(1)　予備免許を受けた者は、工事設計を変更しようとするときはあらかじめ総務大臣の許可を受けなければならない。ただし、総務省令で定める軽微な事項についてはこの限りでない。

(2)　上記1のただし書きの事項について工事設計を変更したときは、遅滞なくその旨を総務大臣に届け出なければならない。

(3)　上記1の変更は、周波数、電波の型式又は運用許容時間に変更をきたすものであってはならず、かつ、法で定める技術基準に合致するものでなければならない。

(4)　予備免許を受けた者は、総務大臣の許可を受けて、通信の相手方、通信事項、放送事項、放送区域又は無線設備の設置場所を変更することができる。

ヒント　予備免許とは本免許の前に発行される試験電波を出して、本当に無線局として機能するかを試験するときに一時的に利用される免許のこと。そのため、大きな変更は許されていない。　(3)運用許容時間→空中線電力

答：(3)

6　船舶局の免許状は、掲示を困難とする場合を除き、次のどの箇所に掲げておかなければならないか。

(1)　船内の適当な箇所

(2)　船長室の見やすい箇所

(3)　航海船橋の見やすい箇所

(4)　主たる送信装置のある場所の見やすい箇所

　ヒント　ちょっと前までは、「通信室内の見やすいところ」でした。

　答　:(4)

コラム：VHF 12ch

　「呼び出し応答は 16ch」で間違っていません。でも、16ch が混雑していたり、誰かが送信しっぱなしになっていて通信できない場合はどうしましょうか？　例えば海上保安庁の海岸局は、12ch も受信しているのです。

　「『よこはまほあん』。こちらは『通信丸』『通信丸』。12ch です。」

　最後の "12ch です。" は海上保安庁の海岸局の担当者に、どのチャンネルで呼んでいるかを区別してもらうための心配りです。法令にはありません。

第10章　無線従事者

　船で無線通信をするためには、その機器や目的に応じて、表10.1のような無線従事者免許証が必要です*¹（GMDSS対応の資格に関しては14.2、124ページを参照）。船橋で当直を行う人にとって、無線の資格は必要な資格の一つです*²。

　国際航海に従事する船舶の場合、第1級海上特殊無線技士以上、そうでない船舶は第2級海上特殊無線技士以上の無線従事者免許証を取得しなければ、航海士として乗船することができません。

表10.1　船舶で必要な無線の資格

資　格	対　象	知　識	職　種
第1級総合無線通信士	外航	電波大学	通信士
第2級総合無線通信士	内航	電波高専	通信士
第3級総合無線通信士	漁船	水産高校	通信士
第1級海上無線通信士	外航	大学	航海士等
第2級海上無線通信士	外航	工業高専	航海士等
第3級海上無線通信士	外航	高校	航海士等
第4級海上無線通信士	内航	高校	航海士等
第1級海上特殊無線技士	外航	高校	航海士等
第2級海上特殊無線技士	内航	高校	航海士等
第3級海上特殊無線技士	小型艇	高校	航海士等
レーダー級海上特殊無線技士	外航	高校	航海士等

電波法施行令（平成13年7月23日）より作成。

---

*¹ これ以外に関しては、付録A.1、199ページを参考のこと。
*² 船員にはたくさんの資格が必要。例えば、船舶衛生管理者、救命艇手適任証書など。

10.1 操作範囲

　各資格に応じて、使用できる無線機が決められていて、これを操作範囲といいます。

　基本的に上位の資格は、下位の資格の操作ができます。資格別の上位は、総合無線通信士・海上無線通信士・特殊無線技士の順です。例えば、第1級総合無線通信士は、第1級海上無線通信士の操作を行うことができますが、第1級海上特殊無線技士は、第3級海上無線通信士の操作の一部の操作しかできません。

　次に、表10.1の中で、船に乗る場合に必要な資格である第1級海上特殊無線技士と、第3級海上無線通信士の操作範囲[*3] について説明します。

　なお、第1級海上特殊無線技士を「1海特」、第3級海上無線通信士を「3海通」と、省略して呼ぶこともあります。

§1. 第1級海上特殊無線技士

• 船舶局の操作

　次に掲げる無線設備の通信操作（モールス符号による通信操作と国際電気通信業務の通信のための通信操作を除く）と、無線設備（多重無線設備を除く）の外部の転換装置で電波の質に影響を及ぼさないものの技術操作が行える。

1. 全船舶
　(1)　船舶に施設する空中線電力50W以下の無線電話及びデジタル選択呼出装置で25.010MHz以上の周波数の電波を使用するもの。
　(2)　海岸局、船舶局のための無線航行局のレーダーの外部転換装置で電波の質に影響を及ぼさないもの。
　(3)　空中線電力10W以下の無線設備で1606.5kHzから4MHzまでの周波数の電波を使用するもの。
　(4)　船舶局のレーダーの外部転換装置で電波の質に影響を及ぼさないもの

[*3] 電波法施行令3条。

の技術操作。

2. 条件付きの船舶

下記の(1)〜(5)の条件にあてはまる船舶に施設する、1606.5kHz から 4MHz までの空中線電力 75W 以下の無線電話とデジタル選択呼出装置。

(1) 平水区域の旅客船

(2) 平水区域の漁船

(3) 平水区域の漁船でも旅客船でもない船

(4) 沿海区域の国際航海に従事しない総トン数が 100 トン未満の船

(5) 総トン数 300 トン未満の船

- 船舶地球局の操作

下記の 1〜5 の船舶であれば、船舶地球局の無線設備の**通信操作**と無線設備の外部転換装置で電波の質に影響を及ぼさないものの**技術操作**を行える。

1. 平水区域の旅客船

2. 平水区域の漁船

3. 平水区域の漁船でも旅客船でもない船

4. 沿海区域の国際航海に従事しない総トン数が 100 トン未満の船

5. 総トン数 300 トン未満の船

（1 海特と 2 海特との大きな違いは、国際通信と一部の船のインマルサット通信の可否。）

§2. 第 3 級海上無線通信士

- 船舶に施設する無線設備並びに海岸局、海岸地球局及び船舶のための無線航行局の無線設備の**通信操作**
- 次に掲げる無線設備の外部の転換装置で電波の質に影響を及ぼさないものの**技術操作**

1. 船舶に施設する無線設備

2. 海岸局及び海岸地球局の無線設備並びに船舶のための無線航行局の無線設備で空中線電力 125W 以下のもの

3. 海岸局及び船舶のための無線航行局のレーダーで上記以外のもの

10.2 操作範囲の具体例

1海特を持った航海士：AIS、船上通信設備、VHF無線電話装置、レーダーの利用ができます。

3海通を持った航海士：AIS、船上通信設備、VHF無線電話装置、レーダーの他、MF/HF無線通信装置、インマルサット衛星通信装置が利用できます。

なお、1海特でも、無線従事者の管理下で、法で定める簡易な操作であれば利用できる場合もあります（施33条）。

10.3 無線従事者国家試験の試験科目と内容

無線従事者の国家試験は、年齢、経験の有無にかかわらず受験できます。

§1. 第1級海上特殊無線技士

- 無線工学

  無線設備の取扱方法（空中線系及び無線機器の機能の概念を含む。）
- 電気通信術

  電話

  1分間50字の速度の欧文（欧文通話表によるものをいう。）による約2分間の送話及び受話
- 法規

  1. 電波法及びこれに基づく命令（船舶安全法及び電気通信事業法並びにこれらに基づく命令の関係規定を含む。）の簡略な概要
  2. 国際電気通信条約及び同条約附属無線通信規則の簡略な概要
- 英語

  口頭により適当に意思を表明するに足りる英会話[4]

§2. 第3級海上無線通信士

- 無線工学

---

[4] 具体的な試験内容は189ページ参照。

無線設備の取扱方法（空中線系及び無線機器の機能の概念を含む。）

- 電気通信術
  1. 直接印刷電信：1 分間 50 字の速度の欧文普通語による約 5 分間の手送り送信*5
  2. 電話：1 分間 50 字の速度の欧文（欧文通話表によるものいう。）による約 2 分間の送話及び受話
- 法規
  1. 電波法及びこれに基づく命令（船舶安全法及び電気通信事業法並びにこれらに基づく命令の関係規定を含む。）
  2. 国際電気通信条約、同条約附属無線通信規則及び同条約附属電気通信規則並びに海上における人命の安全のための国際条約（電波に関する規定に限る。）
- 英語
  1. 文章を十分に理解するために必要な英文和訳
  2. 文章により十分に意思を表明するために必要な和文英訳
  3. 口頭により十分に意思を表明するに足りる英会話

10.4   通信士になるには？

　船によっては航海士と機関士のほかに通信士の免許を持った人が必要です。通信士の海技免状を取得し、通信士となるには次の条件を満たす必要があります。通信長は船長等の職と兼任することができます（船舶職員及び小型船舶操縦者法施行令 5 条 2）。

　現在、通信士としてだけ乗船している船員はほとんど無く、航海士を中心にその仕事を兼務しています。

- 無線従事者の資格を取得。
- 船で通信を行う乗船経験を積む*6。
- 船舶局無線従事者証明に関わる訓練を受講。

---

*5 具体的な試験問題は 193 ページ参照。

- 救命講習および消火講習の受講。
- 海技試験を受験・合格すること[7]。

3級海技士（電子通信）を持った航海士はその船の通信長（兼務）になれます。

§1. 海技試験と無線従事者

　通信士の資格は、1～3級海技士（通信）と1～4級（電子通信）があり、国際航海の商船で利用できるのは、1級海技士（通信）と1～3級（電子通信）です。これらを取得するにはまず、総務省の資格である無線従事者の資格を取得する必要があります。各級に対応する無線従事者の資格は次のとおりです。

1級海技士（通信）	第1級総合無線通信士
1級海技士（電子通信）	第1級海上無線通信士
2級海技士（電子通信）	第2級海上無線通信士
3級海技士（電子通信）	第3級海上無線通信士

§2. 船舶局無線従事者証明

　国際航海に従事する船舶には、無線従事者の資格とSTCW条約で決められた訓練および履歴、知識を持つことが要求されます。その証明のことを船舶局無線従事者証明といいます。この証明を取得するには訓練を受講するか（従60）、無線設備の操作を行う業務につかねばなりません（法48の2）。

§3. 通信士の海技試験

　通信の海技試験は、船舶の概要を問題とする筆記試験と、身体検査です。通信の筆記試験は、航海士や機関士に比べてやさしいように思いますが、この試験を受験する条件に、無線従事者免許証を取得していなければならないので、航海士や機関士に比べて簡単とはいえません。

---

[6] 6か月以上。船舶職員及び小型船舶操縦者法施行規則別表5の四
[7] 上級海技免状の所有者は、筆記試験と救命講習、消火講習が免除されます。つまり、申請と身体検査のみ。

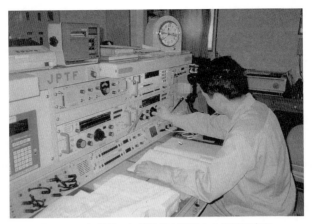

図10.1　船舶用の無線設備を取扱中の無線従事者

10.5　主任無線従事者

　無線を扱う人すべてが免許を持たねばならないかというと、携帯電話のように不要な場合があります。一つには、携帯電話のように余計な電波を発射したりすることがなく、誰が使用しても危険が無いように設計された無線機の場合です。二つ目は、しっかりと指導、監督ができる人がいて、その監督の下に無線設備を操作する場合です。この監督する人を、主任無線従事者といいます。

§1.　主任無線従事者制度

　主任無線従事者になるには、無線従事者の国家試験に合格するのはもちろんのこと、無線従事者としての経験と知識を持ち、なおかつ講習を受けないとなりません（法39条）。

　そして、無線従事者免許証を持たない無線設備を取り扱う人に訓練を実施し、機器の整備、点検保守を行うなど、通常の作業以上に監督する作業を行います。

練 習 問 題

1 無線従事者の免許を取り消されることがあるのは次のどれか。

(1) 電波法に違反したとき

(2) 日本の国籍を有しないものとなったとき

(3) 引き続き 6 か月以上無線設備の操作を行わなかったとき。

(4) 免許証を失ったとき

ヒント 車でも船でも同じです。

答 : (1)

2 無線従事者の免許証の返納についての無線従事者規則の規定である。(　) に入れるべき字句を下の字句群より選べ。問い中の（　）内の記号が同じ場合は、同じ字句であることを示す。

- 無線従事者は免許の取り消しの処分を受けたときは、その処分を受けた日から（　A　）にその免許証を、（　B　）に返納しなければならない。免許証の（　C　）を受けた後、失った免許証を発見したときも同様とする。

- 無線従事者が死亡し又は失そうの宣告を受けたときは、戸籍法による死亡又は失そう宣告の届出義務者は、遅滞なくその免許証を（　B　）に返納しなければならない。

1：訂正　　2：総務大臣　　3：10 日以内　　4：1 年以内

5：総務大臣又は地方総合通信局長　　6：再交付

7：地方総合通信局長　　8：1 月以内

答 : A−3、B−5、C−6

3 船舶局における遭難通信責任者に関し、電波法施行規則の規定である。（　）に入れるべき字句の組合せとして、正しいものを選べ。

(1)　旅客船又は総トン数 300 トン以上の船舶であって、国際航海に従事する
　　ものの義務船舶局には、遭難通信責任者（その船舶における遭難通信、緊
　　急通信及び安全通信に関する事項を統括管理する者をいう）として総務省
　　令で定める無線従事者であって、（　A　）を受けている者を配置しなけ
　　ればならない。

(2)　遭難通信責任者は、当該無線局に選任されている無線従事者のうち上記
　　各号の順序に従い（　B　）を有するものとする。

(3)　（　C　）、遭難通信責任者が病気その他やむを得ない事情により、その
　　職務を行うことができないときは、当該無線局に選任されている無線従事
　　者のうちから、当該通信責任者に代わってその職務を行うものを（　D　）。

(1)	A＝主任無線従事者 B＝できるだけ上位の資格 C＝船舶局の免許人は D＝指名することができる	(2)	A＝主任無線従事者 B＝最上級の資格 C＝船舶の責任者は D＝指名しなければならない
(3)	A＝船舶局無線従事者証明 B＝最上級の資格 C＝船舶局の免許人は D＝指名しなければならない	(4)	A＝船舶局無線従事者証明 B＝できるだけ上位の資格 C＝船舶の責任者は D＝指名することができる

ヒント　無線従事者の資格順に選任されます。

答：(4)

4　主任無線従事者の職務について、電波法施行規則の規定である。規定に照
　らし間違っているものはどれか、一つ選べ。

(1)　主任無線従事者の監督を受けて、無線設備の操作を行う者に対する訓練
　　（実習を含む）の計画を立案し実施すること

(2)　無線設備の機器の点検もしくは保守を行い、又はその監督を行うこと。

(3)　無線業務日誌その他の書類を作成し又はその作成を監督すること。（記
　　載された事項に関し必要な措置をとることを含む）

(4) 主任無線従事者の職務を遂行するために必要な事項に関し、船舶の責任者に対して意見を述べること。

(5) その他無線局の無線設備の操作の監督に関し必要と認められる事項。

ヒント　(1)資格の無い人に使わせるには相応の訓練が必要です。　(4)もちろん船舶の責任者（船長）にもいう必要はありますが、免許人にいう義務があります。

答：(4)

5 第1級海上特殊無線技士の資格を有する者が、船舶に施設する空中線電力50ワット以下の無線電話で25010キロヘルツ以上の周波数の電波を使用するものについて行うことができる操作は、次のどれか。

(1) 船舶局の当該無線設備の通信操作（国際電気通信業務の通信のための通信操作を除く。）

(2) 船舶局の当該無線設備の通信操作

(3) 航空局の当該無線設備の国内通信のための通信操作

(4) 船舶地球局の当該無線設備の技術操作

ヒント　1海特の操作範囲は限定されています。国際電気通信業務とは、この場合、VHF無線電話を使って、陸上の電話回線に接続するサービスへの接続をいいます。25010キロヘルツ（kHz）とは、25.010メガヘルツ（MHz）のこと。

答：(1)

コラム：復　唱

　　船での作業では、命令に対する復唱は重要です。しかし、無線通信の場合、かならずしも内容すべてを復唱するのは考えもの。なぜなら、途中で無線通信が途切れてしまい、通信が成り立たないことや、通信チャンネルを長時間にわたり、独占してしまうからです。

　　無線電話通信では、重要なポイントだけを復唱し、相手に確認してもらうことがいいでしょう。

第 11 章　無線のルール

　船などの移動体への連絡手段には、無線は便利で欠かせません[*1]。無線は資格を持った人が、ルールを守って運用（利用）する必要があります。ルールは、国際条約と、電波法で決められています。以下にそれらの歴史と、原則を紹介します。

11.1　国際電気通信条約の歴史

　国際的な通信の決まり（条約）が初めて決められたのは、有線による電信（電報）のためでした。1865 年、パリにおいて開催された国際会議で、万国電信条約（有線通信）ができました。

　無線の国際条約は、1906 年にベルリンで、国際無線電信会議が開催されて、国際無線電信条約が決まりました。この二つの条約は、1932 年にマドリッドで同時に開催された万国電信会議と国際無線電信会議で、国際電気通信条約となり、国際電気通信連合（ITU : International Telecommunication Union）の組織ができました。

　新しい通信の規格ができるごとに、ITU を中心にどのように利用すべきかを各国の代表らによってルールが決められています。

11.2　電波法と主な内容

　日本の電波利用のためのルールとして、第 2 次世界大戦後の 1950 年、電波法と放送法が制定され、電波の公平かつ能率的な利用を図るための新しい体制が決められました。

[*1] 携帯電話は無線機の一つです。電池の入っているところに "携帯電話無線機" と書いてあるものもあります。

§1. 電波法の目的

電波の公平かつ能率的な利用を確保することによって公共の福祉を増進することを目的とする。

§2. 秘密の保護

何人も法律に別段の定めがある場合を除くほか、特定の相手方に対して行われる無線通信を傍受してその存在、若しくはその内容を漏らし、又はこれを窃用してはならない（法59、RR S17.1）。

§3. 無線通信の原則

1. 必要のない無線通信は、これを行ってはならない（運10）。
2. 無線通信に使用する用語は、できる限り簡潔でなければならない（運10条2）。
3. 無線通信を行うときは、自局の識別信号をつけて、その出所を明らかにしなければならない（識別信号とは呼出符号「JFMC」、呼出名称『にっぽんまる』、MMSI番号のことをいう（施6条の5）（運10条3））。
4. 無線通信は正確に行うものとし、通信上の誤りを知ったときは直ちに訂正しなければならない（運10条4）。
5. 無線局は免許状に記載された目的、又は通信の相手方若しくは通信事項の範囲を超えて運用してはならない（法52）。
6. 海上移動業務又は航空移動業務における無線電話通信において、固有の名称、略符号、つづりの複雑な言葉を1字ずつ区切って送信する場合は、通話表を使用しなければならない（運14条3）。
7. 海上移動業務及び海上移動衛星業務の無線電話における国際通信においては、なるべく国際海事機関（IMO : International Maritime Organization、アイエムオー）が定める標準海事航海用語を使用するものとする（運14条5）。
8. 無線局は、遭難信号を受信したときは、遭難通信を妨害するおそれがある電波の発射を直ちに中止しなければならない（法66条2）。
9. 空中線電力*2 は、許可された範囲内であり、かつ、通信を行うため必要

最小のものであること（法 54）。

11.3　聴守義務

　無線通信を聞き続けることを聴守（Watch Keeping）といい、搭載する機器
の種類によって、いつ、どこを聴守し続けなければならないかが決められてい
ます（法 65）。

VHF 無線電話装置	16ch を航行中常時
DSC	常時
ナブテックス受信機	通信圏内にいるとき常時
EGC 受信機	常時

13ch の聴守義務*3

練 習 問 題

1　無線局に備えて付けておく時計はその時刻を中央標準時にどのように照合
しておかなければならないか、次のうちから一つ選べ。

(1)　運用開始前
(2)　毎日 1 回以上
(3)　毎週 1 回以上
(4)　毎月 1 回以上

　ヒント　中央標準時とは、各国で基準としている時刻のことです。長波や短波の
ラジオ放送で各国の報時放送を受信することができます。

　答 ：(2)

---

*2 アンテナから出力される電力（パワー）のこと。
*3 GMDSS 適用船舶が海上交通安全法の適用海域と港則法で定める特定港の海域を航行
　中（運 42〜44 条）

2　一般通信方法における無線通信の原則として、無線局運用規則に規定されているものは、次のどれか。

(1)　必要のない無線通信は、これを行ってはならない。

(2)　無線通信は有線通信を利用することができないときに限り行うものとする。

(3)　無線通信は長時間継続して行ってはならない。

(4)　無線通信を行う場合においては、略符号以外の用語を使ってはならない。

ヒント　'簡潔かつ最低限、シンプルに…'が通信の原則です。

答：(1)

3　無線局を運用する場合において、空中線電力は遭難通信を行う場合を除き、次のどれによらなければならないか。

(1)　無線局免許申請書に記載したもの

(2)　通信の相手方となる無線局が要求するもの

(3)　免許状に記載されたものの範囲で必要最大のもの

(4)　免許状に記載されたものの範囲内で通信を行うため必要最小のもの

ヒント　通信できればそれでよいのです。

答：(4)

コラム：英会話がニガテ

　　外国へ入港する前には、港や沿岸警備隊などに自分の船や入港に関する情報を通報しなければなりません。英語が得意でないときは、あらかじめ通報内容を考えることのできる、NBDP やテレックス、ファクシミリ、E-mail を利用しましょう。

　　相手も下手な英語よりは、文字の方が良いはず。

第 12 章 旗旒信号

　旗旒信号とは、国際的に形や色が決められた旗を使って意思表示を行う、船独特の通信手段の一つです。そのため、旗が見える場所であれば、電波や光を使わずに他船に自船の状態を伝えることができます[*1]。

　現在、旗旒信号は相手と通信をするためには使われていません。自分の船の状態を周囲の船に知らせる目的で使用されています。例えば、図 12.1 は、東京港航行中の北斗丸が、晴海埠頭接岸予定を知らせる意味で、掲揚していたものです[*2]。このように、旗を使って自分の船の状態を同時にいくつも、周囲の船に知らせることができます。

12.1　国際信号旗

　国際信号旗には、アルファベット（文字旗）と、数字（数字旗）と、代表旗と回答旗があります。旗の形から、方旗、燕尾旗、長旗、三角旗ということもあります。これにより双方向の通信を行うこともできますが、主に、自分の船の行き先や、状態を示すために使用されています。

12.2　国際信号書

　文字旗のアルファベットを使って、相手に情報を伝えられますが、たくさんの旗が必要となってきます。そういう場合に便利なのが、国際信号書です。

　これには、船舶で多く使われる言葉や意味が、一〜三つのアルファベットと、

[*1] 霧や夜の場合は、無理です。
[*2] "港則法施行規則第 11 条の港を航行するときの進路を表示する信号" より 2 代・H の意味は次の通り。「晴海信号所から芝浦ふ頭まで引いた線以北の係留施設に向かって航行する」

図 12.1　東京港入港中の北斗丸が掲揚していた信号旗（左から、数字旗 1、第 2 代表旗＋H、H）

数字で記号化して書かれています。これを使えば少ない数の旗で、意志や状態を伝えることができます。そして、各国が自国語の国際信号書を持っていれば、共通の言語がなくても、最低限のコミュニケーションができるようになっています。

　国際信号書では重要な意味に、アルファベット 1 字（1 字信号。116 ページ参照）が割り当てられています。船橋で当直をする人は、この意味を覚えていなければなりません。

12.3　旗の取扱い上の注意

- 旗には上下がある。間違えないこと。
- 想像以上に大きいので、風でとばされないようにする。
- 掲揚するとき、旗が、からまないようにする。
- 丁寧に取り扱う（特に国旗）。

図12.2　国際信号旗「E」。旗から直接
　　　　フックが出ているのが上。ロー
　　　　プ（尾索）とフックが付いてい
　　　　るのが下。

図12.3　国際信号旗のあげおろし作
　　　　業の様子

- 外国の国旗を掲揚する前に、正しいか確認する。
- 風向や相手船との位置から見やすいところに掲げる。
- 使用後は、手入れをして、所定の場所にたたんで収納する。

12.4　一度に数種類の旗を使用する場合

　図12.1のように、一度に多くの旗を掲揚する場合は、各船に設置された信号旗用の掲揚索の

1. 一番高い場所
2. ステイに取り付けられた掲揚索
3. 掲揚索の右端から、順に内側
4. 掲揚索の左端から、順に内側

のうち、その信号旗を見る相手（船や陸上）や、掲揚する時間、場所を考えて、うまく表現できるように掲揚索を利用しましょう。

図 12.1 では、水先人の乗下船で揚げ降ろしがある H 旗を右、港内航行中、揚場し続ける数字旗 1 を左と使いわけています。

12.5 代表旗の使い方

国際信号旗は 40 枚で 1 組なので、多くの文字を表現したい場合、何組も必要になって実用的ではありません。例えば、「JH3304」を 1 組の信号旗で表す場合はどうしたらよいでしょうか。その場合、同じ文字を特殊な旗で代用することができます。この役割で「代表旗（substitutes）」を使います。

この「代表」とは、英語である'substitutes'の'代理'や、'代品'という意味で使われています。つまり、旗の代理、代わりに使われます。

- 一つの掲揚索（flag line）には、同じ代表旗は一つだけ。
- 代表旗は直前の旗と同種類（文字旗、数字旗）の旗（の代わりをする）。
- 代表旗は、小数点の意味も持つ、回答旗の代表にはならない。

§1. 代表旗の使用例

それぞれ 1 組の信号旗で表す場合は、下記のとおりとなります。

「JJRQ」	「J」「第 1 代表旗」「R」「Q」
「JNNU」	「J」、「N」、「第 2 代表旗」、「U」
「JQVV」	「J」、「Q」、「V」、「第 3 代表旗」
「JH3304」	「J」「H」「3」「第 1 代表旗」「0」「4」 （文字旗と数字旗と種類が代わっているので、第 3 代表旗ではありません）。

§2. 代表旗の他の利用例

代表旗は、「代役」としての使われ方よりも、表 12.1 で示すような行き先を示す旗でよく用いられています。

表12.1　海上交通安全法で用いられている信号の例

1代・P	航路途中から入って左に曲がる
2代・S	航路を入って右に曲がる
1代・C	航路を横断する

12.6　よく見る信号

下記の信号は、見る機会が多いです。できる限り覚えておきましょう。

1字信号	A, B, H, G, P	
2字信号	UY	（救命ボート降下している船で…）訓練中。
	UW	（出港する船に対して…）安全なる航海をお祈りします。
	UW1	（UW に対して…）ありがとう。あなたの安全航海をお祈りします。
	RU1	（ドックから出て性能を調査している船が…）速力試験中。
	SM	（同上）操縦性能試験中。

12.7　満 船 飾

国際信号旗の信号以外の使われ方として、満船飾があります。文字どおり、多くの旗を使って船を飾り、お祝いの意味を表すものです。

船首から船尾まで、マスト間にロープやワイヤーで通して、その間を国際信号旗を連ねます。新造時や、お祭りとして入港した場合や、客船などの入港中の飾りとして行われます。

このとき、遭難や緊急の意味を示す「NC」などの文字の組合せにならず、掲揚索の付近には、誤解を与える、「O」や「B」などの文字が配置されないように工夫する必要があります。

練習問題

1 次のうち、誤りを一つ選べ。

(1) 国旗（又は商船旗）は、船尾の旗竿に掲げる。

(2) 外国の領海内を航行するときは、船尾の旗竿にその国の国旗を掲げる。

(3) 国旗は昼間のみ掲揚する。

(4) 岸壁に係留している船舶が国旗を掲揚していたので、荷役作業をやめ、国旗に対して敬礼をした。

> (ヒント) (2)一番高い位置に掲揚する。　(4)仕事をやめ注目したり、敬礼するのがマナー。

答：(2)

2 次のうち、誤りを一つ選べ。

(1) Ａ旗を揚げている小型のボートがいたので、減速して通過した。

(2) Ｂ旗を揚げている船が自分の船に横付けしたので、甲板上での溶接作業を一時中止した。

(3) 港内を航行中、前を走る船がＧ旗を揚げたので、注意しつつ追越しをした。

(4) 岸壁を離れ、港外へ向かうとき、前を走る船が減速していた。Ｈ旗を揚げていたので水先人が乗船していると判断し、そのまま追い越した。

> (ヒント) (1)潜水作業をしているので、十分に減速し、離して航行すべきです。
> (2)横付けしたのは自分の船のための燃料を積んできた船。　(3)そのうち、パイロットボートが横付けし、パイロットを乗船させる。　(4)パイロット下船のために、減速していた。減速すると舵効きが悪くなり、接触する恐れがあります。

答：(4)

第13章 発光信号とモールス符号

　モールス符号を使った無線通信（無線電信）は、特別な技能を持つ通信士でないと、意味を理解することができませんでしたが、GMDSS 装置の普及により、モールス符号を使った通信を行うことは商船では無くなりました。

　このため、船橋で当直をする士官には、モールス符号を使って通信する技術は必要ありません*¹。しかし、自船の状態を、他の船に知らせたりする場合や、灯台や無線方位信号所の識別のために、まだ欧文のモールス符号を読み取る技術は必要です。

　船での通信手段の一つである発光信号を使って、通信（communication）を行うことは、VHF 無線電話装置の普及で商船ではほとんどありません。

13.1　モールス符号が使われている例

§1. 灯　　台

　灯台は夜、その光によって位置が分かるようにしています。しかし、たくさんの光がある場合、どれがどの灯台であるか分かりません。そのため、各灯台ごとに点滅の仕方や色を決めてあります。

　その中にモールス符号を使った、点滅間隔を持つ灯台があります。詳しい点滅の仕方は海図や灯台表*² という、本に書かれています。以下は、鳥羽商船高等専門学校の近くの灯台のひかり方を示したものです。

菅島灯台　FL W　4s　単閃白光　毎4秒に1閃光

桃取水道大村島灯標　Mo（D）　R　8s　モールス符号赤光　毎
　　　　　　8秒にD（－・・）

§2. 操船信号

　船の交通ルールを定めた海上衝突予防法には、船を避けるときに発光信号が行えることが書かれています。このせん光の数をモールス符号で解釈すると、国際信号書に決められている信号と同じになります。（参照：202〜205 ページ）

───── 海上衝突予防法（抄録）─────

操船信号及び警告信号

第 34 条
航行中の動力船は、互いに他の船舶の視野の内にある場合において、この法律の規定によりその針路を転じ、又はその機関を後進にかけているときは、次の各号に定めるところより発光信号を行うことができる。

　　1. 針路を右に転じている場合は、せん光を 1 回発すること。
　　2. 針路を左に転じている場合は、せん光を 2 回発すること。
　　3. 機関を後進にかけている場合は、せん光を 3 回発すること。

---

§3. 無線方位信号所：中波ビーコン

　大王埼[*3] にある無線方位信号所では、288kHz[*4] の電波を発射し、oz という識別信号をモールス符号で送っていました。無線方位信号所は、常に電波を発射している無線局で、船でこの電波を受信、その電波の来た方向を無線方位測定機[*5] で測定します。二つの無線方位信号所の方向（方位）の測定を行い、それぞれの無線局からの方位を海図に描けば、それらの線がまじわった場所が、船が今いる場所になります（クロス方位法：クロスベアリング。図 13.1）。

　無線方位信号所は、その局の識別のためにモールス符号を使っています。

　無線方位測定機で得られた船位は、GPS 等による位置に比べて精度が悪いため、船位測定のためとしてはほとんど用いられていません。漁網など、一旦

---

*1 2010 年の STCW 条約では「遭難信号 SOS 並びに国際信号書に定める視覚信号の 1 字信号をモールス発光信号により送信し及び受信する能力」とされている（表 A-2-1）。

*2 海上保安庁　書誌第 411 号。

*3 三重県大王町。

*4 AM ラジオの NHK 第一放送より、さらに下。他に、航空用では 326kHz の三重県明野（AK）などがある。

*5 無線方向探知機ともいう。略称は方探（ほうたん）。

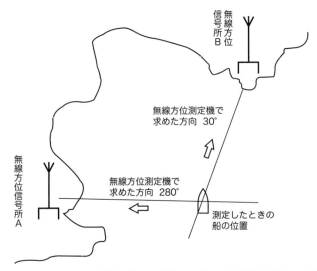

無線方位信号所B位

無線方位測定機で
求めた方向　30°

無線方位信号所A

無線方位測定機で
求めた方向　280°

測定したときの
船の位置

図 13.1　二つの無線方位信号所の方位から船の現在位置を求める方法

図 13.2　無線方位測定機

図 13.3　アンテナ(上)・
指示部分（下）

海上に設置し、確実に回収するために用いられる、ラジオブイの方向を探知す
るために利用されています。（日本の無線方位信号所は平成 18 年廃止）

練 習 問 題

1 次のうち、誤りを一つ選べ。

(1) 航海士は、トツー、トツーという音のモールス符号を知らないといけない。

(2) 航海士は、A であれば"・－"と光で文字を送信できなければいけない。

(3) 無線方位信号所は、モールス符号によって区別できる。

(4) 航海士は、無線通信でモールス符号を使う。

ヒント (1)モールス符号であることを認識し、区別できる必要があります。　(2)
送信する機会はほとんどありません。

答 :(4)

2 次のうち、誤りを一つ選べ。

(1) 操船信号での短音と長音はそれぞれ約 1 秒と、4〜6 秒以下である。

(2) 和文のモールス符号は、航海では利用されることはない。

(3) 無線方位測定機による位置精度は、GPS よりも良い。

(4) 灯台を使ったクロスベアリングは、GPS があっても必要である。

ヒント (1)海上衝突予防法 32 条で決められています。　(3)GPS の精度は、単独測
位で数十 m 以内と、電波航法の中で一番精度が良い。

答 :(3)

第 14 章　海の遭難救助システム

　船が洋上で火災にあったり、沈没したときに利用する救命胴衣や救命艇、救命いかだ、無線機の数、利用方法は国際的に決められていています。

　船員は十分に訓練し、かつ、遭難時に正しく利用しなければなりません。

　この章では、GMDSS と呼ばれる国際的なルールで定められた、船舶が遭難したときの通信機器と、制度の仕組みを中心に説明します。

14.1　GMDSS とは

　GMDSS は Global Maritime Distress and Safety System の頭文字語で、日本ではジーエムディーエスエスまたは、全世界的な海上遭難安全（通信）システムと呼ばれています。これはデジタル通信技術を応用し、従来のモールス無線通信*1 に代わる船舶用の遭難通信システムです。

　GMDSS の特徴は以下のとおりです。

1. 24 時間、どんな海域でも遭難警報の発射に対応。
2. 自動化した位置を含む遭難の状況の発信手続。
3. 陸上の救助機関が、救助手段等の調整を行う。
4. モールス通信の不要化。

　GMDSS の基本的な考え方を、図 14.1 に示します。これは、どんな船にも陸上の救助機関*2 と直接通信ができる通信設備を搭載させることで、陸上で遭難船の状況を直接把握し、救助指示を出せるようにしたものです。この体制は陸上の警察、消防、救急の仕組みと同じスタイルです。

　GMDSS は、国際航海をしている、旅客船（りょかくせん）および総トン数 300 トン以上の貨

---

*1 SOS のモールス符号である…‐‐‐…は使用されなくなった。
*2 日本では、海上保安庁が担当。

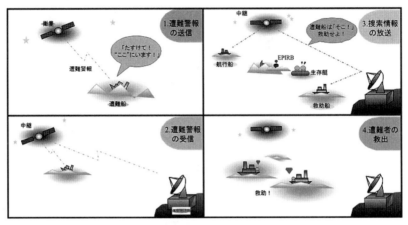

図14.1　GMDSS の概念

物船を対象としています。これ以外の小型の船舶や漁船も、各国によって、GMDSS にあてはまるように、さまざまな法律や規則が決められています[3]。

　確実に遭難の事実を知らせることができ、また救助に向かえるように、図14.2 に示す船舶の航行する海域に応じて、搭載すべき無線設備が決められています[4]。

　これとは別に船舶安全法（施行規則 1 条 6〜9 項）では、平水、沿海、近海、遠洋の大きく 4 種類に区分された航行海域に応じて、船体構造や救命設備のための規則を定めており、それぞれの設備に応じた海域しか航行できません。

　例えば、近海区域用に作られた船舶であっても、インマルサットの通信設備を持たない船舶は、A2 海域の外には航行することができません。

A1 海域	陸上の VHF 海岸局の通信可能海域（20〜50 海里）
A2 海域	陸上の MF 海岸局の通信可能海域（50〜250 海里）で A1 海域を除く
A3 海域	インマルサットの通信可能海域（北緯 70 度から南緯 70 度）で、A1 と A2 海域を除く
A4 海域	A1〜A3 海域以外の海域

---

[3] 例えば、A1〜A4 海域については船舶安全法施行規則 1 条 10 項以降。
[4] 船舶安全法施行規則 60 条の 5 以降や、救命設備規則 39 条以降。

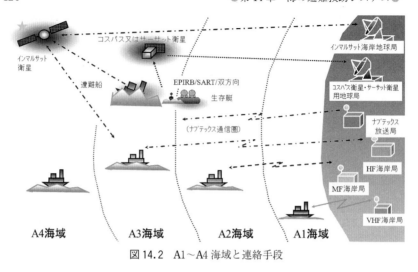

図 14.2　A1〜A4 海域と連絡手段

船の種類と規則

　船の種類によって、搭載しなければならない無線機器の数や、通信士の人数や資格が決められています。

　おおまかにいうと、一番基準が厳しいのは、国際航海に従事する客船です。国際航海の有無と、船の種類では旅客船か漁船か、あるいは旅客船でも漁船でもない船*5 に種類別されます。

14.2　GMDSS 上の通信の資格の取扱い

　GMDSS の実施のために無線の国際条約では、通信士の証明（書）*6 として、第 1 級無線電子証明書、第 2 級無線電子証明書、一般無線通信士証明書および制限無線通信士証明書の 4 種類があります。

　国際航海に従事する船舶では、航海士らは、これに相当する資格を取得する必要があります。これと日本の法律の資格の対応は、次のようになります。

---

*5 一般の貨物船はこれに相当します。

*6 Radio Electronic Certificate または Operator's Certificate のこと。日本では無線従事者免許証。

第 1 級無線電子証明書（1st REC）	第 1 級海上無線通信士
第 2 級無線電子証明書（2nd REC）	第 2 級海上無線通信士
一般無線通信士証明書（GOC）	第 3 級海上無線通信士
制限無線通信士証明書（ROC）	第 1 級海上特殊無線技士

14.3　GMDSS と SAR 条約、SOLAS 条約

1985 年 6 月 22 日より、SAR 条約（International Convention on Maritime Search And Rescue, 1979：1979 年の海上における捜索及び救助に関する国際条約、サー条約）が使われ始めました。この条約は、海上の遭難者を速やかに、そして効果的に救助するために、沿岸の国が捜索救難活動を分担することで、全世界的な捜索救助体制を整えたものです。

この SAR 条約の下で遭難通信の仕組みを、人工衛星を含めた信頼性の高く自動化された通信技術で構成することを決めたのが、GMDSS です。GMDSS は、1992 年 2 月 1 日から適用が始まり、1999 年 2 月 1 日から完全に実施されています。

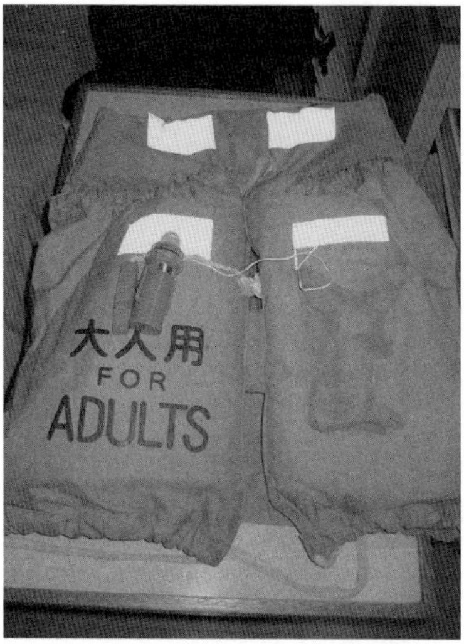

図 14.3　国際航海する船舶に搭載される SOLAS 条約で定められた救命胴衣（笛と救命胴衣灯付き）

14.3.1　SOLAS 条約の歴史と概要

図 14.3 は、国際航海に従事する船舶に搭載されている救命胴衣です。この救命胴衣には、光に反射する再帰反射材が貼られ、数秒間隔で点滅する光を放つ救命胴衣灯と周囲の人に気付いてもらうための音を出す笛が取り付けられています。このような規格を決めた国際条約が SOLAS 条約です。

SOLAS（International Convention for Safety Of Life At Sea、ソーラス）条約は、1912 年のタイタニック号遭難事件をきっかけとして、欧米諸国の代表によ

るロンドンで開催された国際会議において、救命艇の数など、救命設備に関することがらが決められました。

　この会議の目的は、船舶が国際航海を行うときの、海上における人命の安全を確保することです。この条約は 1914 年に作られてから、技術の進歩に合わせて日々、見直しがされています。

練 習 問 題

1　電波法施行規則（第 28 条）の規定に照らし A1 海域及び A2 海域のみを航行する船舶の義務船舶局に備付けを要しない無線設備の機器を、次のうちから選べ。

(1)　超短波帯（156MHz を超え 157.45MHz 以下の周波数帯をいう。）の無線設備（デジタル選択呼出装置及び無線電話による通信が可能なものに限る。）の機器

(2)　中短波帯（1606.5kHz を超え 3900kHz 以下の周波数をいう。）の無線設備（デジタル選択呼出装置及び無線電話による通信が可能なものに限る。）の機器

(3)　短波帯（4MHz を超え 26.175MHz 以下の周波数をいう。）の無線設備（デジタル選択呼出装置、無線電話及び狭帯域直接印刷電信装置による通信が可能なものに限る。）の機器

(4)　ナブテックス受信機（F1B 電波 518kHz を受信することができるものに限る。）

(5)　インマルサット高機能グループ呼出受信機（ナブテックス受信機のための海上安全情報を送信する無線局の通信圏として、総務大臣が別に告示するもの及び外国の政府が定めるものを超えて航行する船舶の義務船舶局に限る。）

　ヒント　A2 海域の定義は、中短波帯（MF）の通信圏内を航行することです。

　答：(3)

2 GMDSS における遭難警報の意図に関する無線通信規則の規定である。（ ）に入れるべき字句を下の字句群より選べ。

　遭難警報の伝送は、移動体または人が遭難しており、かつ、（ A ）を求めていることを示す。この遭難警報は、地上無線通信のための周波数帯において、（ B ）を使用するデジタル選択呼出、又は宇宙局を経由して（ C ）される遭難（ D ）で行うものである。

> 1：通信連絡の確保　　2：遭難呼出フォーマット　　3：即時の救助
> 4：通報フォーマット　　5：放送　　6：中継　　7：伝達

(ヒント) 遭難警報の定義です。

答：A−3、B−2、C−6、D−4

コラム：PTT

　無線電話で送信するときに押すスイッチである PTT（Press　To　Talk）。あせってか、はたまた、癖なのか押す前から話し始めてしまう人が結構います。PTT を押したことがランプでわかる無線機もあります。PTT を押したあと、ひと呼吸置いてから話し始めましょう。

第15章　GMDSS の無線設備と機能

　GMDSS（Global Maritime Distress and Safety System）は、遭難した場合の通信システムを、短波帯と人工衛星を含めた自動化された通信設備によって、海上の遭難者をすみやかに、効果的に救助するために決められた国際的なルールです。

　このルールにより、船に搭載しなければならない無線設備や、それを操作するために必要な資格が決められています。

　この章では、GMDSS と関連のある無線機器の機能と利用方法を説明します。

15.1　衛星非常用位置指示無線標識

　EPIRB（Emergency Position-Indicating Radio Beacon、イーパブ）は、遭難した船、または生存者の発見を容易にするための信号を発射するブイ（うき）です（設45条の2、告示1225）。

　これは、船の沈没時に水深が 4m になるまでに自動的に船から離れ、海面に浮き上がり遭難警報を送信します。

　この遭難警報の中には、どの船かわかるような識別信号が含まれていますので、遭難した場所や船名を伝える余裕がないときでも、遭難した位置と船舶を陸上に伝えることができます。

　遭難した位置がわかる仕組みは、次のとおりです。

　遭難によって作動した EPIRB から発射された船舶に関する情報などのデジタル符号を含む 406MHz の電波は、上空 800km を周回する人工衛星で受信され、解読されると同時に、電波のドップラーシフトから EPIRB の位置を数キロメートルの精度で測定されます。

　EPIRB が発信した電波を受信する人工衛星は、極軌道周回衛星であるコスパス衛星と、サーサット衛星の2種類があります。

1年以内の期間ごとに別に告示*1 する方法により正しく動作するか試験（機能試験）をしなければなりません（運8条の2）。そして、その記録を2年間保存しなければなりません（施38条4）。

コスパス衛星 ロシアの人工衛星

サーサット衛星 アメリカの気象衛星内に内蔵

航空機からの捜索を容易にするため、121.5MHz の電波も送信されています。

　電波を誤って発射してしまった場合は、すみやかに海上保安庁に届け出てください。放っておくと、巡視船やヘリコプターを使った捜索が開始されてしまいます。

15.2　捜索救助用レーダートランスポンダ

SART（Search And Rescue radar Transponder、サート）は、救助にきた船舶のレーダー上に遭難者が乗船している救命いかだの位置を表示させるものです（設45条の3の3）。

　遭難時、SART は救命艇や救命いかだに搭載され、船舶あるいは、捜索救助用の航空機の送信している9GHz帯のレーダーの電波を常に受信します。

　そして、レーダーの電波を受信したときだけ、同じ9GHz帯の電波を使って特殊な符号を発射します。この符号は、レーダー画面上に12個の輝点を描くようになっており、輝点の始点がSART（遭難者）の位置を意味しています。こうすることで、救助にきてくれた船舶、あるいは航空機のレーダーに、SARTのある位置、つまり遭難艇の位置が表示されるのです。

　図15.1のSARTは普通、船橋内に設置し、遭難時に救命いかだなどに持ち込みますが、救命艇に取り付けておくこともできます。

---

*1 平成4年142号。

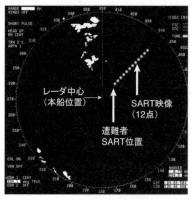

図 15.1　搜索救助用レーダー
トランスポンダ

図15.2　X バンドレーダーの画面上に表
示される SART の輝点（イメージ）

図 15.3　双方向無線電
話と非常持ち出
し用 1 次電池

図 15.4　EPIRB（専用の自動離脱装置）

15.3 捜索救助用位置指示送信装置

AIS の電波型式を使って遭難時の位置を送信できるようにしたものです（設45 条の 3 の 3 の 2）。機能と役割から AIS–SART（AIS Search And Rescue Transmitters、エーアイエスサート）とも呼ばれます。

15.4 双方向無線電話

　双方向無線電話は、遭難したときに、救命いかだなどに持ち込んで救助に来てくれた船（救助船）との間で通信するための、小型携帯無線機（船舶用の VHF無線電話と通信ができる 150MHz 帯のトランシーバー、図 15.3）です。これを使って、負傷者の有無やその状況、人数などを確認することにより、スムーズな救助活動を行えるようにしています。

　法律により、毎月 1 回以上、この機械が正常に動作することを検査する必要があります*2。双方向無線電話は、区別しやすいように黄色か橙色*3でわかりやすくなっていますが、形が甲板上の作業用で使用されるトランシーバー*4に似ているので注意してください。

15.5 ナブテックス受信機

ナブテックス（NAVTEX : NAVigation TEleX）は、船舶の海難事故の予防あるいは救助作業に役立つ情報（海上安全情報：Maritime Safety Information）を自動的に受信し、印字または表示するための装置です*5。送信はできません。

　受信ができる範囲は、送信局からおおよ

---

*2 このことを機能試験といいます。
*3 設 45 条の 3、4 項。筐体に黄色若しくは橙（だいだい）色の彩色か帯状の標示があること。
*4 船上通信設備のこと。図 1.3 の右（3 ページ）。
*5 2005 年 6 月、画面による表示や、2 周波同時受信機能（518kHz 以外に 490kHz or 4209.5 kHz）が制定（設 40 条の 10）。

図15.5　画面に表示されるタイプの日
　　　　本語ナブテックス受信機

そ550km（300海里）です。

　その他の場所では、同様の情報受信機能を持つ、通信衛星のインマルサットを使った、EGC（Enhanced Group Call、イージーシー）受信機（インマルサット高機能グループ呼出受信機）を使用します。この二つの装置により、世界中のほとんどの海域において、海上安全情報を入手できます。

─── ナブテックスの出力例 ───

```
ZCZC GD53
181000 UTC FEB 02
SINKING
UNIDENTIFIED BOAT HAS SUNK IN
POSITION 29-12.7N 125-25.0E AT
221313 UTC DEC AND CREW MEMBER WAS
UNKNOWN, WERE MISSING.
SHIP IN THE VICINITY ARE REQUESTED
TO KEEP A SHARP LOOKOUT AND REPORT
ANY INFORMATION TO JAPAN COAST GUARD.
NNNN
```

（日本語訳）
ZCZC
GD53
2002年2月18日1000世界時
沈没
船名不明の船舶が12月22日13時13分（世界時）に北緯29度12.7分、東経125度25.0分で、沈没し乗組員が行方不明です。付近を航行する船舶は、見張りを十分に行い、何か情報があれば海上保安庁まで連絡してください。
NNNN

```
┌──── ナブテックス ────┐
│ ZCZC IA70                │
│ 130920 UTC FEB 03        │
│ JAPAN NAVTEX N.W. NR     │
│ 0292/2003                │
│ IZUSHOTO. E OF O SHIMA.  │
│ GUNNERY. 2100Z TO 0900Z  │
│ COMMENCING DAILY 17 TO 20│
│ FEB. ALTERNATE 212100Z TO│
│ 220900Z FEB. WITHIN 5 MILES│
│ OF 34-44-12N 139-38-49E. │
│ WGS-84.                  │
│ NNNN                     │
└──────────────────────────┘
```

```
┌──── 日本語ナブテックス ────┐
│【IA644】                        │
│ 2003 年 2 月 18 日 13 時 34 分日本時│
│ ナブテックス航行警報　番号 292  │
│                                │
│ 伊豆諸島、大島東、               │
│ 射撃、2 月 18 日-21 日（予備 22 日）毎│
│ 日 0600-1800、34-44-12N 139-   │
│ 38-49E（世界測地系 WGS-84）を中 │
│ 心とする半径 5 海里の円内。      │
│                                │
│ NNNN                           │
│【終わり】                        │
└────────────────────────────────┘
```

§1. ナブテックスの情報

　ナブテックスは英語により、世界中の海上保安機関（沿岸警備隊や海上保安庁など）が、518kHz で放送しています。また、日本の沿岸では海上保安庁が424kHz で放送している漢字・平仮名を含む日本語ナブテックスが利用できます。

日本語ナブテックスによる情報

　日本沿岸に限り、日本語ナブテックス情報が受信できます。英語のナブテックスと放送時刻と番号は異なっていますが、情報は同じ内容です。ただし、日本で行われている英語のナブテックスは世界時間で記載されており、日本語ナブテックスは原則として、日本時間による情報の提供を行っているので、時刻情報には注意が必要です。

15.6　デジタル選択呼出装置

　これは通常、VHF（超短波）、MF（中波）あるいは、HF（短波）帯の無線機と、組み合わせて使用される機能の一つです。
　DSC（DSC：Digital Selective Call、ディーエスシー）は、ボタン一つで遭

───　HF（133ページ参照）のDSCによる遭難警報を受信した例　───

```
Received DSC Message ; 02-JUL-2004 06 : 26
CALLED MF/HF :  08414.5kHz
FORMAT : DISTRESS
ADDRESS  : 445704000
CATEGORY : DISTRESS NATURE OF DISTRESS : FIRE, EXPLOSIONS
POSITION : N16.14 E116.
DIST-UTC :  : 04 : 23
TELECOMM : J3E TEL
END OF SEQUENCE  : ACK RQ
```

（日本語訳）
DSCメッセージを受信；2004年7月2日06：26
周波数 MF/HF：　08414.5kHz
通信の種類：DISTRESS
MMSID：445704000
種類：遭難遭難の種類：火災、爆発
位置：北緯16度14分東経116度0分
遭難時刻（世界時）：：04：23
通信の手段：J3E TEL
送信の終了：応答の要求

難などの呼び出しや、呼び出したい理由などの情報を送信できます。受信側では、受信したデジタル信号を解読し、アラームで知らせ、受信情報の表示、印字などを自動的に行います。

　遭難時にDSCによって送信された情報（遭難警報）は、遭難船の位置、識別番号が無線機の表示器に表示されるだけでなく、自動的に印刷するようにもできます。この機能は、通常の通信にも利用することができ、9ケタの相手のDSC-ID（MMSI：

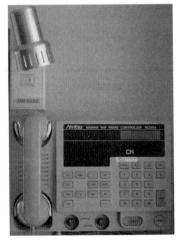

図15.6　制御器用の照明(左上─設44)とDSC機能付きVHF無線電話装置（右）

海王丸（DSC-ID　431006000）、北斗丸（DSC-ID431496000）

DSC の例（北斗丸が海王丸から呼ばれた実例）

No.1：海王丸からの DSC 呼出しを受信したことを知らせる表示

```
          --MESSAGE RECEIVED--
RECEIVED ON CH70 26.AUG.1996 01:39 UTC
FORMAT : INDIVIDUAL
ADDRESS : 431006000
CATEGORY : ROUTINE
TELECOMMAND1 : G3E SIMP TEL
TELECOMMAND2 : NO INFORMATION
WORK CH : 06
END OF SEQUENCE : ACK RQ
```

No.2：呼出しに対し自動応答後 6ch へ移動したことを知らせる表示

```
          --AUTO ACKNOWLEDGEMENT CALL--
TRANSMITTED ON CH70 26.AUG.1996 01:40UTC
FORMAT : INDIVIDUAL
ADDRESS : 431006000
CATEGORY : ROUTINE
TELECOMMAND1 : G3E SIMP TEL
TELECOMMAND2 : NO INFORMATION
WORK CH : 06
END OF SEQUENCE : ACK BQ
CALL CH : 70
```

海上移動業務識別）がわかっていれば、電話のように自動的に相手と接続して
くれる機能もあります。

　毎日1回以上、この機械が正常に動作することを検査しなければなりません
（運7条）。

§1. 遭難警報の取り消し

　EPIRB や DSC による遭難警報を誤って送信した場合は、直ちにその旨を海上保安庁に通報しなければなりません（運 75 条 4）。そして、VHF の場合は 16ch で、下記に示す取り消す通報を行い（運 75 条 5）、その ch を聴守する必要があります（運 75 条 6）。

> 各局　3 回
> こちらは　1 回
> 遭難警報を送信した船舶の船名　3 回
> 自局の呼出符号又は呼出名称　1 回
> 海上移動業務識別（MMSI）　1 回
> 遭難警報取消し　1 回
> 遭難警報を発射した時刻（協定世界時）　1 回

15.7　NBDP 装置

図 15.7　DSC 機能付き中・短波帯の無線装置と NBDP 用キーボード

　狭帯域直接印刷電信装置（Narrow Band Direct Printing equipment）は、中波および短波帯の無線装置に組み込まれる機能で、アルファベットと数字、記号の文字による遭難・緊急・安全および一般の通信が行えます。

　これは訓練された通信士しか理解できないモールス符号を使った通信の不便さを回避することができる通信機能の一つです。

　137 ページの電文は NBDP を使った、通信の様子を表示したものです。これは、通信丸が海上保安庁の海岸局との船位通報制度の最終通報の例を示します[6]。

　これまで 137 ページの内容は、モールス符号を知っている通信士が文字からモール

━━━━━━━━━━━━ 短波海岸局海上保安庁との通信例（架空）━━━━━━━━━━

004310001 JNA
431200068 JQTH

JNA THEIS IS JQTH
WE HAVE A JASREP/FR MESSAGE. OK? +?
GOOD MORNING. QRV. OK. SEND YOUR MESSAGE.+?

JASREP/FR//
A/TSUSHIN MARU/JQTH//
B/TOKYO/280900J//
NIL+?

JQTH DE JNA. QSL TKS CU BIBI +?
JNA DE JQTH. NW NIL TKS CU AGN BIBI
BRK+

431200068 JQTH
004310001 JNA

━━━━━━━━━━━━ 通信例の日本語訳 ━━━━━━━━━━

004310001 JNA（接続時無線機からの応答）
431200068 JQTH（接続時相手からの自動応答）

JNA こちら *JQTH* です。
JASREP の最終通報（*FR*）のメッセージがあります。いかがでしょうか？
おはようございます。只今、運用しています。メッセージを送って下さい。

JASREP/FR//（内容：*JASREP* 最終通報）
A/TSUSHIN MARU/JQTH//（内容：船名、呼出符号）
B/TOKYO/280900J/（内容：到着港、到着時刻）

以上です。他にはありません。

JQTH こちらは JNA。了解しました。ありがとう。さようなら
JNA こちらは *JQTH*。以上です。ありがとうございました。さようなら。
BRK+（通信終了）

431200068 JQTH（接続終了）
004310001 JNA

┌─────────── **NBDP 通信文のよみかた** ───────────

海上保安庁無線局呼出符号　JNA MMSI
004310001
字体　JNA SEND
通信丸　呼出符号　JQTH MMSI
431200068
字体　*通信丸送信*
字体　NBDP 装置が印字
+?　送受切替の為、人が入力した文字
BRK＋　通信終了の為、人が入力した文字

└──────────────────────────────────

ス符号に変換して通信していました。今は、専門の通信士に頼ることなく、航
海士が無線通信士の資格を取って通信の仕事をするようになりました。つまり、
NBDP を使えば、インターネットや電子メールを使う感覚で、アルファベッ
トの情報を送ることができます*7。

　通信士の国家試験には、キーボードの打鍵テストが加えられています（試験
の内容については、193 ページ参照）。送信側がタイプライターに似た鍵盤の
キーを叩くとその文字が電気信号化され、無線回線を通じて、相手の印字機を
動かしたことから、直接印刷電信といわれます。

練 習 問 題

1　次の記述は、電波法施行規則（第2条）に規定する「衛星非常用位置指示
　無線標識」の定義について述べたものである。（　）に入れるべき字句の組
　み合わせとして、正しいものを選べ。

　「衛星非常用位置指示無線標識」とは、遭難自動通報設備であって、（　A　）
が遭難した場合に、（　B　）の中継により、当該遭難自動通報設備の（　C　）
を送信するものをいう。

---

*6　入港中は電波を出すことができないので、あらかじめ、入港することを連絡する必要
　　があります（運40、運41条）。
*7　漢字や仮名はできない。

	A	B	C
(1)	船舶又は航空機	人工衛星局	識別を確認させるための信号
(2)	船舶又は航空機	宇宙局	送信の地点を探知させるための信号
(3)	船舶	宇宙局	識別を確認させるための信号
(4)	船舶	人工衛星局	送信の地点を探知させるための信号

ヒント 本来の目的は遭難船の位置を特定することにあります。

答：(4)

2 次の記述は、義務船舶局の無線設備の制御器の照明についての無線設備規則（第44条）の規定である。（　）に入れるべき字句の組合せとして、正しいものを選べ。

旅客船又は総トン数300トン以上の義務船舶局に備える無線設備の制御器の照明は、通常の電源及び（ A ）から独立した電源から電力の供給を受けることができ、かつ、当該制御器を十分（ B ）に取り付けられた照明設備により照明されるものでなければならない。ただし、照明することが（ C ）又は不合理な無線設備の制御器であって、総務大臣が（ D ）するものについては、この限りでない。

	A	B	C	D
(1)	非常用電源	照明できる位置	困難	別に告示
(2)	補助電源	照明できる位置	困難	許可
(3)	非常用電源	管理できる位置	無理	別に告示
(4)	補助電源	管理できる位置	無理	許可

ヒント 夜間、停電しても無線機の操作ができるように設備されるものです。図15.6参照（134ページ）。

答：(1)

3 無線局運用規則に定める機能試験（第5〜8条）について正しいものには1、誤っているものは2で答えよ。

(1)　その機能に異常があると認めたときは、その旨を免許人に通知しなければならない。

(2)　その船舶の無線業務日誌に、無線局運用規則 7 条及び 8 条に規定する機能試験の結果の詳細を記載しなければならない。

(3)　双方向無線電話の機能試験は、1 年に 1 回である。

(4)　衛星非常用位置指示無線標識の機能試験は、1 年に 1 回である。

(5)　デジタル選択呼出専用受信機の機能試験は、1 か月に 1 回である。

(6)　予備設備の機能試験は 6 か月に 1 回である。

（ヒント）　(1)故障したら船長は知っておく必要があります。　(3)と(6)1 か月に 1 回。
(3)以降直ちに簡単に実施できるものは毎日。そうでないものは長期である。

答：(1)−2、(2)−1、(3)−2、(4)−1、(5)−2、(6)−2

4　406MHz を使用する衛星 EPIRB の説明として、正しいものは次のうちどれか。

---

(1)　電波を発射した EPIRB の位置は船舶用レーダーに表示される。

(2)　遭難信号を発信した衛星 EPIRB の位置決定はドップラーシフトを利用する。

(3)　衛星 EPIRB から発射される電波を受信する衛星は静止衛星だけである。

(4)　救助船舶等のレーダー波を受信すると、応答信号を発信する。

(5)　遭難通報のほかに、一般のテレックス通信ができる。

（ヒント）　(1)と(4)の説明は SART です。　(3)GMDSS の稼動当初は極軌道衛星（低軌道衛星）であるコスパス衛星やサーサット衛星だけでしたが、現在は、中軌道衛星および静止衛星でも受信しています。　(5)NBDP の説明です。

答：(2)

5　船舶の通信設備に用いられるデジタル選択呼出装置（DSC）に関する記述のうち、誤っているものは次のうちどれか。

---

(1) デジタル符号を使用する。

(2) トーン方式の選択呼出より、多量の情報の伝送ができる。

(3) ボタン一つで遭難メッセージを自動的に送出する機能はない。

(4) MF、HF、VHFとも同じ送信フォーマットである。

(5) 送受信の内容はディスプレイ画面、印刷などで表示される。

ヒント (3)DSCの特徴はボタン一つで遭難警報を発射できることです。

答 :(3)

コラム：VHF16chの使い方（その2）

　呼出しは、相手局の呼出名称が必要です。しかし、わからない場合はどうしましょうか?　次のような呼び出しはよく行われています。

- 伊良湖水道航路を南下中の船体水色の船舶。こちらは、「通信丸」

- 西へ航行中の船舶、こちらは、南へ航行中の「通信丸」

- 大王埼灯台から45度5海里を航行中の船舶、こちらは「通信丸」

- 各局、西航路を西へ航行中の、黒い船体、青色の煙突のコンテナ船、こちらは、貴船の右舷前方約2マイルを東へ向けて航行中、白い船体の「通信丸」（呼び出しのはじめの「各局」は、付近の船舶に注意を喚起するために利用。）

何事も臨機応変に。

第 16 章　VHF 無線電話装置による通信

　船橋に設置されていて一番利用される無線通信装置です。船の動きを知らせ
たり、相手の動きを聞いたり、気象情報を受信したりとさまざまな場面で利用
されています。

　ほとんどが、一つのチャンネルで送信と受信を交互に切り替える通信方式（単
信通信）なので「どうぞ」、「了解」、そして「さようなら」といった無線用語
を使って、伝えたいことを上手に相手に伝えるようにしましょう。

16.1　VHF 無線電話装置のチャンネルと用途

　船橋に設置されて航海士らが多く利用している通信装置ですが、以下の目的
のために使用が許可されているもので、その他のためには使用できません。

1. 海上（沿岸・港湾付近）の船舶の安全のための通信
2. 港湾付近の業務通信（港務通信）
   (1) 港湾管理に関する通信
   (2) タグボート[*1]・パイロット[*2]など「操船援助業務」のための通信
3. 船舶と船舶との通信（船舶相互間通信）
4. 国際公衆通信（陸上の加入電話と接続）

　これらの通信のために、チャンネル(ch)[*3] が 01〜88 まで設定されています。
通常は 16ch で相手を呼び出し、その後、指定されたチャンネルへ移動します。
　外国の多くの VTS では、航路や区域毎に指定されたチャンネルで呼出し、
位置通報を行うだけでなく、引き続き、そのチャンネルを聴守し、VTS から

[*1] 港で大型船の入港を補助する大出力の機関を搭載した小型船。
[*2] 港や湾などで船長に船の操縦法を補佐する人。水先案内人ともいう。
[*3] テレビとは無関係。

表 16.1　チャンネルと用途（抜粋）

ch	用途	用　途
06	船舶相互	船舶局相互間の通信
08	船舶相互	船舶局相互間の通信
10	船舶相互	船舶局相互間の通信
11	船舶通航	通航管制業務通信
12	港務	海岸局との港務通信
	船舶通航	通航管制業務通信
13	船舶相互	船舶局相互間の通信
	港務	海岸局との港務通信
14	港務	海岸局との港務通信
16	**遭難安全呼出**	
26	電気通信業務	電気通信業務
70	**遭難安全呼出**	DSC に限る

（注）チャンネル割り当てに制限あり

の情報提供、他船の動きを聞き自船の操船に役立てます。

　各チャンネルは表 16.1 のように、それぞれの用途が決められています[*4]。

　使用するチャンネルは、双方が船舶局（船同士）の場合は、呼び出した側が決め、海岸局[*5] が含まれる場合は、海岸局が決めます（法 62 条 3）。

16.2　混雑を避ける呼出し方法

　AIS が搭載されている船が多くなり船名がわかりやすくなったことから、船対船の動静確認に VHF 無線電話装置が多く使われるようになっています。特に 16ch と 06ch は混雑しがちです。

　下記を参照し、混雑及び他の通信への混信を回避するよう、その場合に応じた通信を心がけましょう。

§1.　呼び出す前に通信波を聞く

　16ch で呼び出す後の通信波を聞き、他局が利用し混信を与えないことを確

[*4] 使用順位（優先順位）は 2012 年現在、指定されていません。
[*5] 船舶と通信する陸上にある無線局のこと。かならずしも海岸にあるとは限りません。

認しましょう（運 19 条の 2）。

§2. 船舶間での 06ch 以外の利用

06ch 以外に 08ch 又は 10ch も船舶間で利用できます。自船の無線局免許状を確認して、利用できる周波数を確認しておきましょう（運 56、告示 964）。

§3. 船舶間での 13ch の利用

多くの船舶に割り当てられている 13ch は、船舶間の航行の安全に関する通信を行うことができます（運 56、告示 964）。

§4. 通信波での海岸局の呼出

ルール*6 では 16ch 以外でも可能と定められています。海岸局の聴守周波数が 16ch 以外にもあればそちらで呼び出すことが可能と考えられます。

§5. 1W で送信

必要最小限の出力で通信（法 54）すれば、混信は減らせられます。すぐそこに見える船舶と通信するのなら 1W で十分、届きます。

16.3　16ch 使用の条件

航行中の船舶での聴守が義務づけられている 16ch は、重要通信と呼出し及び応答にだけ使え、通話には利用できないほか、下記のような制限があります。

- 16ch が使える船は、航行中常時、聴守しなければならない（法 65、運 42）。
- 16ch の通信に妨害を与えるおそれがある場合は、電波を発射してはならない（運 19 条の 2 の準用）。
- 16ch の電波の発射は短時間とする（1 分を越えてはいけない）（運 58 条 4、

---

*6 無線局運用規則第 57 条 1 項 1：呼出しには、相手局の聴守する周波数の電波（海岸局の聴守する周波数の電波が 156.8MHz（16ch）の周波数の電波及びこれに応ずる通常通信電波である場合において、呼出しを行う船舶局が当該通常通信電波の指定を受けているときは、原則として当該通常通信電波）

RR57. 8)。

- 呼出しは2分間の間隔をおいて2回反復できる。応答がないときは少なくとも3分間の間隔をおかなければ呼出しを再開してはならない（運58の11）。

16.4 一般通信方法

船舶での通信には、独特の話し方や用語が日本語・英語ともあります。それぞれ通信方法は、法律で手順が決められているので、法律に従って、正確にかつ、適切に行う必要があります。

§1. 呼　　出

無線電話を使った船舶からの呼出しの方法は、以下のとおりです（運58の11）。

- 相手局の呼出名称　　　3回以下
- こちらは　　　　　　　1回
- 自局の呼出名称　　　　3回以下

これらの言葉で話すように、法律で決められています[*7]。海岸局は相手局の呼出名称のほか、船名を使うことができます（運68）。船名が不明なときはその船の進行方向、速力、付近の灯台との位置関係等で呼出しができます。

§2. 応　　答

呼出に対する応答は、次のように行います。

- 相手局の呼出名称　　　3回以下
- こちらは　　　　　　　1回
- 自局の呼出名称　　　　3回以下

応答事項

- どうぞ　　　　　　　　1回

[*7]「感度ありますか？」などと、話してはいけません。呼ばれたのがわかれば応答があります。

§3. 通 信 例

海岸局を呼び出す場合…

● 16ch が使われていないことを確認してから…

「通信丸」：いせほあん。いせほあん。こちらは、つうしんまる。つうしんまる。つ
　　　　　うしんまる。

伊勢保安：つうしんまる。こちらは、いせほあん。12 チャンネルに変更してくだ
　　　　　さい。どうぞ。

「通信丸」：いせほあん。こちらは、つうしんまる。チャンネル 12 了解しました。

● 12ch へ変更したあと…

「通信丸」：いせほあん。こちらは、つうしんまる

伊勢保安：つうしんまる。こちらは、いせほあん。こんにちは。

「通信丸」：いせほあん。こちらは、つうしんまるです。こんにちは。
　　　　　IW ラインを 1400 に通過しましたので報告します。どうぞ。

伊勢保安：了解しました。通報うけとりました。ありがとうございます。ほかにご
　　　　　用件はありますか。

「通信丸」：ありません。ありがとうございました。さようなら。

伊勢保安：了解。ありがとうございました。さようなら。

船舶局を呼び出す場合…

● 通信丸は信号丸を呼び出す前に、16ch と 06ch が利用されていないことを確
　かめて…

「通信丸」：伊良湖水道航路を北上中の客船のしんごうまる、こちらは、貴船の後方
　　　　　のつうしんまる。つうしんまる。つうしんまる。

「信号丸」：つうしんまる。こちらは、しんごうまる。どうぞ。

「通信丸」：しんごうまる。こちらは、つうしんまるです。チャンネル 06 をお願い
　　　　　します。

「信号丸」：06 了解。

● 06ch へ移動したあと…

「通信丸」：しんごうまる。こちらは、つうしんまる。

「信号丸」：つうしんまる。こちらは、しんごうまる。どうぞ。

「通信丸」：はい。こんにちは。貴船はどちらへ向かいますか？　こちらは、航路を
　　　　　出たところで貴船を追い越し名古屋へ向かう予定です。いかがでしょう
　　　　　か？　どうぞ。

「信号丸」：了解しました。こちらは時間調整で減速しております。右側を追い越し
　　　　　　てください。お願いします。
「通信丸」：了解しました。貴船の右側を追い越します。ありがとうございます。さ
　　　　　　ようなら。
「信号丸」：了解。さようなら。

16.5　デジタル選択呼出

　遭難警報の発信に使われる DSC（Digital Selective Calling）は、電話のよう
にボタン一つで相手の呼出や、チャンネルの変更などの情報を送信できます。

　DSC の信号を受信した船では、受信したデジタル信号を解読し、自船が呼
ばれた場合は、アラームを鳴らし、受信情報の表示、印字、チャンネルの変更
を自動的に行うことができます。

　呼び出したい船の９ケタの DSC-ID（MMSI：海上移動業務識別）がわかっ
ていれば、電話のように自動的に相手と接続してくれる機能もあります。

　DSC は、VHF（超短波）のほか、MF（中短波）あるいは、HF（短波）帯
の無線機にも搭載されています。DSC を利用する場合は、下記のルールを守
らなければなりません。

- DSC を搭載した無線設備は、法律に
  より、毎日１回以上、この機械が正常
  に動作することを検査しなければなり
  ません（運6）。
- DSC による呼出は、５分以上の間隔を
  おいて２回送信でき、応答がない場合
  は 15 分後に再呼出ができます（運58
  の 5）。
- MF/HF の DSC の周波数（2187.5kHz、
  4207.5kHz、6312kHz、8414.5kHz、
  12577kHz、16804kHz）は一般呼出に
  け使用できません。（運58条、告示
  964 号）

図16.1　制御器用の照明（左上）
　　　　と DSC 機能付き VHF 無線
　　　　電話装置（右）

```
┌──────────── 動作と ボタンの例 ────────────┐
│                                                   │
│  1. 06ch などを聞いて混信がないか確かめる ⓪⑥       │
│  2. 相手の船の MMSI を調べる→431111011.            │
│  3. DSC のメニューで個別呼出を探す  MENU ・ INDIVIDUAL │
│  4. 相手の MMSI と通話チャンネルを入力する  WORK CH  │
│  5. DSC 情報の送信  SEND                           │
│                                                   │
└───────────────────────────────────────┘
```

§1. DSC を使った呼出例

　VHF 無線電話に搭載された DSC を使って、相手の船を呼出、かつ、自動的に周波数を変更する方法を以下に説明します。

①通話に使えそうなチャンネルを探す

　これは DSC に関係なく、通話できるチャンネルを確認して、混信を与えないか確認します。

②相手の MMSI を調べる

　呼び出したい船の9ケタの DSC-ID（MMSI：海上移動業務識別）がわからなければ、呼び出すことはできません。

③個別呼出機能

　VHF 無線電話装置の説明書を調べ、DSC による個別呼出の方法を調べます。ここの機能は普通、メニュー形式になっていて相手の MMSI や、通話チャンネルを設定して、その情報を送信するようになってます。

④DSC による呼出、通話チャンネルの変更

　自動応答機能により、DSC による呼出と通話チャンネルの変更が伝われば、応答があったことを示すアラーム音とメッセージが表示されるか印字され、通話チャンネルが移動します。

　相手局に呼び出されたときにその情報に合わせて自動的にチャンネルを変更するには、自動応答機能を ON にする必要があります。

練 習 問 題

1 次の記述は、空中線電力の低下装置について無線局設備規則（第41条）の規定に沿って述べたものである。（ ）内に入れるべき字句を、次のうちから選べ。

F3E電波を使用する船舶局の送信装置であって、無線通信規則付録第18号の表に掲げる周波数の電波を使用するものは、その空中線電力を（ ）容易に低下することができるものでなければならない。

(1) 1ワット以下に
(2) 2ワットまで
(3) 10パーセントまで
(4) 50パーセントまで

ヒント 最小の電力で通信することが求められていて、この問いのF3Eは、VHF無線電話で送信する電波型式を意味します。VHF無線電話装置の操作パネルには送信出力の切り替えスイッチがついています。

答：(1)

2 156.8MHzの周波数の電波が使用できるのは、次のどの場合か。

(1) 操船援助のための通信を行う場合
(2) 呼出又は応答を行う場合
(3) 電波の規正に関する通信を行う場合
(4) 漁業の操業の状況に関する通報の送信を行う場合

ヒント 156.8MHzとは、16chのことです。重要通信と呼出しと応答専用のチャンネルです。

答：(2)

3 　無線局が相手を呼び出そうとするときは、遭難通信等を行う場合を除き、一
定の周波数によって聴守し、他の通信に混信を与えないことを確かめなけれ
ばならないが、この場合において聴守しなければならない周波数は次のどれか。

(1)　自局の発射しようとする電波の周波数その他必要とする周波数

(2)　自局に指定されているすべての周波数

(3)　自局の付近にある無線局において使用する電波の周波数

(4)　他のすでに行われている通信に使用されている周波数であって、最も感
度のよいもの

ヒント　電波を出す前に確認することです。例えば16chで相手を呼び出そうとす
る前にそのチャンネルが使われていないかどうかを確認します。また、呼び出した
後に、通信するために移る6chも、前もって通信に使われていないか確認する必要
があるのです。

答：(1)

コラム：聴守と聴取

　　無線の法令では、国際条約でWatch keepingと表される、この意訳的な漢
字である、聴守（ちょうしゅ）が使われています。例えば、160ページの遭難
警報の受信の対応では、遭難呼出しを受信したら（聴いたら）、その周波数を
聴守する（よく聴く）。という意味です。

　　一方、国土交通省系の法令では、同じ意味が聴取として利用されています。
例えば、"海上保安庁長官が提供する情報の聴取（海上交通安全法29条の2、
1項）では、特定船舶は、
航路および前項に規程する
海域を航行している間は、
同項の規程により提供され
る情報を聴取しなければな
らない。"とされ、意味的
には聴守といえる内容と
なっています。

16chを聴守？聴取？

第**17**章 無線局の業務書類

　電波法は無線局免許状（免許状）など無線局に備えなければならない書類を定めています(施38)。その種類は、船の航行する海域、大きさ、無線局の種類により異なります。それぞれの書類には使用期限や保管年数が設定されています。

17.1 法定書類

　船の無線局である船舶局や船舶地球局には、図17.1に示すようなさまざまな書類が必要です。それぞれ有効期限や、保管期間、記載内容も決められています。

§1. 無線業務日誌

　どのような通信を行ったかを記入する日誌で、"Radio Log Book"といわれています。書き込む内容は、おおむね以下のとおりです。

　無線従事者の氏名・資格、通信のたびに通信の開始終了時刻、相手の識別信号、使用電波の型式、周波数、空中線電力、通信事項、通信の状況、機器の故障とその対処、船舶の正午と午後8時の位置等（施40）。

　無線業務日誌は、使用の終った日から2年間保存しなければなりません（施40、4項）。そして、通信するごとにペンで記入します[1]。

§2. 無線局検査結果通知書等

　無線局の検査の結果が記載された書類です[2]（施39）。

---

[1] 航海士が当直が終わってから記入する航海用のログブックと違って、無線のログブックは 通信を行いながら、通信開始時間、内容、周波数などを記入します。

[2] 無線検査簿は2010年、備え付け義務廃止。施39条が、無線検査簿から無線局検査結果通知書に変更。

図 17.1　船舶局に必要な法定書類
左奥：無線業務日誌、海上移動業務用無線局局名録（CD-R）、
海上移動業務の便覧、左手前：届出書類の控え、各種国際名録

§3. 局 名 録

　船舶局に関連する無線局の位置、呼出名称、業務内容が記載されているもの
で、有効期限内にあるものを利用します。（海岸局、船舶局、特別業務の局等
の局名録、海上移動業務識別の割当表があります。）

§4. 備え付け書類

　その他、備え付けが必要な書類を下記に列挙します。

- 免許状
- 無線局免許の申請書の添付書類の写し
- 工事設計の変更及び無線設備の変更の工事の変更申請書の添付書類及び届
  書の添付書類の写し
- 通信の相手及び通信事項、無線設備の設置場所、電波の型式並びに希望す
  る周波数の範囲、空中線電力の変更届の写し
- 無線従事者選解任届の写し
- 海上移動業務及び海上移動衛星業務で使用する便覧

- 電波法35条各号の措置に応じて総務大臣が別に告示する書類（無線設備の説明書と定期検査の後の無線設備の点検の結果の詳細な記録（告示74号））

17.2 その他の書類

法律で定められた書類ではありませんが、現行の船舶で用いられている無線通信の業務のための参考書類を次に示します。

§1. 電波法令集

電波法、無線従事者規則、無線設備規則、無線局運用規則等、無線に関係した法令が納められているものです。法令は頻繁に変わるので、年に2回発行される追録集を購入し、常に最新の状態に保たねばなりません。なお、CD-ROM版も販売されています。

§2. 世界海上無線通信資料

船舶通信士労働組合技術専門委員会が編集し、無線通信社が発行している船舶の運航に関係する通信の情報をまとめたものです。各国の無線局の位置、聴守している周波数リストなど出入港時の無線通信に必要な情報のほか、船位通報制度や各国の通関制度に関わる事項が記載されています。

§3. 無線便覧

一般財団法人情報通信振興会が発行している、世界海上無線通信資料と似ている資料集です。通信手続きや、法的手続きのページが多いので、船舶通信の学習用としても使えます。

§4. 月刊「無線周知」

毎月発行される、上記、世界海上無線通信資料の内容を更新していく情報集です。海図に対する水路通報のような存在で、最新の情報にするのに利用します。

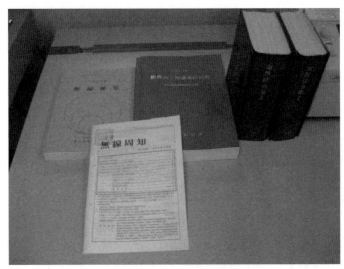

図17.2　船舶局にあると便利な業務参考書類
右から、電波法令集、世界海上無線通信資料、無線便覧、無線周知(手前)

練 習 問 題

1 義務船舶局で国際通信を行うものが備え付けなければならない書類の電波法及び電波法施行規則の規定である（ただし、無線局の免許の申請並びに工事設計の変更等の申請及び届出に関する書類を除く）。間違っているものはどれか。

(1) 無線業務日誌
(2) 免許状
(3) 無線従事者選解任届の写し
(4) 海岸局局名録
(5) 船舶局の局名録及び海上移動業務識別の割当表
(6) 海岸局及び特別業務の局の局名録
(7) 海上無線通信資料
(8) 海上移動業務及び海上移動衛星業務で使用する便覧

(9) 電波法35条各号の措置に応じて総務大臣が別に告示する書類

ヒント (2)「免許状」とは、無線局免許状の正式名称。（業務書類と法定書類を区別しましょう。

答：(7)

---

2 使用を終わった無線業務日誌の保管、船舶局の無線業務日誌に記入する場合の時刻、タイミングについて、誤っているものはどれか。

---

(1) 無線業務日誌に記入する一部の事項は音声によって記録することができる。

(2) 使用を終わった無線業務日誌は使用を終わった日から5年間保存しなければならない。

(3) 船舶局又は船舶地球局においては、協定世界時（但し、国際航海に従事しない船舶局又は船舶地球局であって協定世界時によることが不便であるものを除く）

(4) 無線業務日誌は、通信のたびごとにペンで記入したほうが良い。

ヒント (1)記録だけでなく再生もできる必要があります（施43条の5）。 (2)2年間。 (4)当直後に記入する航海用のログブックと違って、通信ごとにその場で記入します。

答：(2)

---

3 電波法施行規則（第40条）の規定により船舶局に備え付けておかなければならない無線業務日誌に記載しなければならない事項に該当するものを1、該当しないものを2として解答せよ。

---

(1) 無線機器の調整のため電波を発射したときの使用電波の型式及び周波数

(2) 緊急通信を行ったときに使用した空中線電力

(3) 遭難自動通報設備の機能試験の結果の概要

(4) 船舶の位置、方向、気象状況その他船舶の安全に関する事項の通信の概要

(5)　レーダーの維持の概要及びその機能上又は操作上に現れた特異現象の詳
細

（ヒント）　(1)法律による規定はありません。　(3)本来陸上で行うものであり、規定
がありません。

（答）：(1)−2、(2)−1、(3)−2、(4)−1、(5)−1

4　無線局において、空電等の通信状態については、電波法施行規則では次の
どれに記載しなければならないことになっているか。

(1)　無線設備の保守管理簿
(2)　無線局事項書の写し
(3)　無線業務日誌
(4)　無線局検査結果通知書等

（ヒント）　日常に使うものに書くべきです。

（答）：(3)

5　次の文は、業務書類の備え付けに関する電波法の規定であるが、□□内
に入れるべき字句を次のうちから一つ選べ。

「無線局には、正確な時計及び□□、無線業務日誌その他総務省令で定める
書類を備え付けておかなければならない」

(1)　免許状
(2)　予備免許証
(3)　無線局免許申請書
(4)　無線局事項書の原本

（ヒント）　(2)無線局に対して発行される予備免許状は存在しますが、これはありま
せん。

（答）：(1)

第 18 章　重　要　通　信

　船舶に関係する重要な通信に、遭難通信があります。この通信は、そのほか
の通信に対して最優先で取り扱うことが、国際的に決められています。

18.1　遭難・緊急・安全通信の定義

　船の安全に関係した重要通信として、遭難・緊急・安全の通信があります。
これらの通信の定義を列挙します（法52条）。非常時に行う通信でありますが、
「非常通信」といってはいけません。この「非常通信」は別な意味*1があるか
らです。
　1.　遭難通信
　　　　船舶又は航空機が重大かつ急迫の危険に陥った場合に遭難信号を前置
　　　する方法その他の総務省令で定める方法により行う無線通信
　2.　緊急通信
　　　　船舶又は航空機が重大かつ急迫の危険に陥るおそれがある場合その他
　　　の緊急の事態が発生した場合に緊急信号を前置する方法その他総務省
　　　令で定める方法により行う無線通信
　3.　安全通信
　　　　船舶又は航空機の航行に対する重大な危険を予防するために安全信号
　　　を前置する方法その他総務省令で定める方法により行う無線通信

---

*1　非常通信：地震、台風、洪水、津波、雪害、火災、暴動その他非常の事態が発生し、
　　又は発生するおそれがある場合において、有線通信を利用することができないか又は
　　これを利用することが著しく困難であるときに人命の救助、災害の支援、交通通信の
　　確保又は秩序の維持のために行われる無線通信のこと（法52条）。

§1. 重要通信を受信したら…

重要通信を受信したら、通信の種類によって、その後の対応が異なります。

遭難通信	直ちにこれを船舶の責任者に通知しなければならない（運81条の5、6）。
緊急通信	自局に関係のある緊急通報を受信したときは、直ちに船舶の責任者に通報する等必要な措置をしなければならない（運93条4）。
安全通信	必要に応じてその要旨を船舶の責任者に通知しなければならない（運99）。

18.2　通信、信号、警報、呼出、通報

遭難に関わる用語には多種あり、それぞれの意味が利用する無線装置等によって異なります。

遭難信号	メーデーや遭難、特殊な電気信号といった遭難通信であることを区別するために用いられる言葉、符号のこと。
遭難警報	DSCとインマルサットによって行われる遭難の事実を知らせる信号のこと*2。
遭難呼出	無線電話で行われる遭難通報を送信する前の各局あての呼出行為のこと。
遭難通報	遭難呼出に続く船舶の名称、位置遭難の種類、状況、救助の種類等の情報を含んだ通信内容のこと（運77）

18.3　遭難通信と法律

遭難通信を行うには、その船舶の責任者(船長)の命令が必要です。そして、情報の発信は、遭難通信責任者しかできない（施35条の2）など、その取扱

---

*2 EPIRBとSARTが発信する通信は、EPIRBの通報及びSARTの通報と定義されている（運81の7）。一方、"EPIRBを使用して行う遭難警報は…"ともされている（運75条3項）。一方、RR32.1では遭難呼出フォーマットを使用するデジタル選択呼出又は宇宙局を経由して中継される遭難通報フォーマットをいう、とある。

いは、複雑になっています。

§1. 船長の役割

　船舶の責任者である船長は、遭難警報や遭難警報の中継の送信、遭難呼出、遭難通報の送信を命令します（運71）。その他の乗組員は勝手に送信することはできません。

18.4　遭難通信責任者

　旅客船または総トン数300トン以上の船舶であって国際航海に従事するものの義務船舶局には、遭難通信責任者を決めておかなければなりません。遭難通信責任者には下記の資格順にできるだけ上位の資格を持っている人がなります（法50条1項、施35の2）。

1. 第1級総合無線通信士または第1級海上無線通信士
2. 第2級海上無線通信士
3. 第3級海上無線通信士

18.5　遭難通信の手続き

§1. 発 信 側

　以下の手順に従い送信を行います。

1. 遭難の事実を認める（船長）[3]。
2. 通報の内容を決定する（船長・航海士ら）。
    (1) 自船の位置
    (2) 状況
    (3) 救助内容
    (4) その他（積荷、乗客数）
3. 遭難通信の実施を命令（船長）（運71）

---

[3] 船員法12条：船長は自己の指揮する船舶に急迫した危険があるときは、人命の救助並びに船舶及び積荷の救助に必要な手段をつくさなければならない。

4. その場に応じた通信手段の選択（遭難通信責任者）

5. 遭難通信の実施（遭難通信責任者）

6. （船体放棄の場合）事情の許す限り電波の継続発射（運74）

7. （その後）総務大臣に遭難通信を行った旨の報告義務（法80）

§2. 受信側

　船舶で受信した場合は、以下の手順に従います。原則として、陸上の救助機関や海岸局が応答することになっていますので、船は原則として応答してはいけません。また対応は、状況により異なります。

遭難警報の場合

　DSC によって行われた遭難警報を船舶で受信した場合は、下記の手順で対応します（運81の5）。

1. アラームを止める。

2. ディスプレイや印字されたメッセージを読む。

3. 無線業務日誌に記載（その船の識別信号、周波数、内容等）（施40）

4. 船舶の責任者に知らせる。

5. 関係する周波数の聴守

6. 応答の可否を判断（下記に従います。）

　(1)応答できる場合

　　　応答できるのは、短波以外の電波で受信した場合で、かつ、その遭難船が海岸局から遠い位置であり、自船から近い場合です（運81の5、2項）。この場合は、船長の命令により応答し、かつ、この遭難警報を受信したことと応答した事実を適切な海岸局へ連絡します。

　(2)応答できない場合

　　　短波で受信した場合は、応答してはいけません。聴守を続行し、他の海岸局から応答がないときは、適切な海岸局を選び、遭難警報の中継の送信を行って、応答があるまで聴守を続けます（運81の5、4項）。

遭難通報の場合

無線電話を使って行われる遭難呼出に続く遭難通報を受信した場合と、EPIRB、SART によって行われる通報を受信したときは、以下の手順によって対応します。

1. 遭難呼出しを受信したら聴守します（運81の7、1項）。
2. 無線業務日誌に記載（その船の識別信号、周波数、内容等）します（施40）。
3. 遭難通報を受信したら船舶の責任者に知らせます。
4. 自局の付近の場合は直ちに応答します。（救助不能な場合は、遭難通報を送信します。）

18.6　無線電話による重要通信の送信方法

下記に無線電話による方法を列挙します。

遭難呼出

無線電話を使った遭難呼出は、次のようにして行います（運76）。そして、呼出ののちにすみやかに遭難通報を話します。

- メーデー　　　　　　　　　　　　　　3回
- こちらは　　　　　　　　　　　　　　1回
- 遭難船舶局の呼出符号又は呼出名称　　3回

遭難通報

遭難呼出を行った無線局は、できる限りすみやかに、その遭難呼出に続いて、遭難通報を送信しなければなりません。その遭難通報は、次のことがらを順番に送信します。

1. メーデー
2. 遭難船舶の名称、識別
3. 遭難した船舶または航空機の位置、遭難の種類及び状況並びに必要とする救助の種類その他救助のため必要な事項

なお、遭難呼出、遭難通報の送信は応答があるまで、必要な間隔をおいて反

復しなければなりません。

18.7　緊 急 呼 出

　火災や海中に人が転落したときや、海賊におそわれそうなときなどに行う緊急通信は、まず、以下のような「パン　パン」または「緊急」の語からなる、緊急呼出から始めます（運 91 条）。

- パン　パン　　　　　　　　　3回
- 各局　　　　　　　　　　　　3回以下
- こちらは　　　　　　　　　　1回
- 自局の呼出符号又は呼出名称　3回以下
- どうぞ　　　　　　　　　　　1回

緊急呼出の後に、状況や救助の必要の有無など伝えたい情報を送信します。

18.8　安 全 呼 出

　航行警報などの通知に利用される安全通信は、「セキュリテ」または「警報」を 3 回送信する安全呼出しから始めます（運 96 条）。

- セキュリテ　　　　　　　　　3回
- 各局（相手の呼出名称）　　　3回以下
- こちらは　　　　　　　　　　1回
- 自局の呼出符号又は呼出名称　3回以下

練 習 問 題

1　船舶局においてデジタル選択呼出装置を使用する遭難警報の中継について電波法運用規則の規定である。（　）に入れるべき字句を下記の字句群より選べ。問い中の　（　）内の記号が同じ場合は同じ字句であることを示す。

(1)　船舶又は航空機が遭難していることを知った船舶局は、次の場合には、

遭難警報の中継をしなければならない。

イ．遭難船舶局、遭難船舶地球局、遭難航空機地球局が（　A　）遭難警報
又は遭難通報を送信することができないとき。

ロ．船舶の責任者が救助につき（　B　）を送信する必要があると認めたと
き。

(2)　船舶局は、デジタル選択呼出装置を使用して、（　C　）の電波により送
信された遭難警報を受信し聴守を行った場合で、当該遭難警報に対してい
ずれの（　D　）も認められないときは、適当な海岸局に対して遭難警報
の中継をしなければならない。

1：自動的に　　2：海岸局の応答　　3：超短波帯の周波数

4：遭難通報　　5：自ら　　6：無線局よりの応答　　7：短波帯の周波数

8：中波帯の周波数　　9：更に遭難警報の中継　　10：船舶局よりの応答

ヒント　船舶局が応答できるのは、近くにいることが明らかなときだけです。後
は聴守したり、遭難警報の中継ができるだけです。

答：A－5、B－9、C－7、D－2

2　無線局が遭難通信を行ったとき、電波法の規定により免許人がとらなけれ
ばならない措置は、次のどれか。

---

(1)　延滞なくすみやかに国土交通大臣に報告する。

(2)　速やかに所属海岸局長に通知する。

(3)　総務省令で定める手続きにより報告する。

(4)　総務大臣に届け出るとともに、無線検査簿に記載する。

ヒント　無線関係は総務省の担当です。

答：(3)

3　遭難呼出及び遭難通報の送信は、応答があるまでどのようにしなければならないか、次のうちから一つ選べ。

(1)　連続して送信する。

(2)　1分間の間隔をおいて送信する。

(3)　時々送信する。

(4)　必要な間隔をおいて送信する。

ヒント　助かるためにはしっかり、情報を伝えなければなりません。また、相手から応答を聞くことも必要です。

答：(4)

4　船舶局が安全信号を受信したときは、電波法の規定（運99）によりどのようにしなければならないことになっているか、次のうちから一つ選べ。

(1)　自局に関係ない安全通信は受信しなくてよい。

(2)　安全通信の内容は通信長に知らせなければならない。

(3)　できる限りその安全通信が終了するまで受信する。

(4)　遭難・緊急通信を行う場合以外、一切の通信を中止してその安全通信が終了するまで受信する。

ヒント　安全通信も重要通信の一つです。内容を理解するには受信あるのみ。

(3)必要に応じて要旨を船長に知らせる必要があります。

答：(4)

第 19 章 　国 際 条 約

　国と国との約束を国際条約といい、無線通信では各国間で確実に通信ができるようにさまざまな条約が定められています。主な条約、規則を下記に示します。

1. 国際電気通信連合憲章
　　各国間の基本的な通信のありかたを決めたもの。
2. 国際電気通信条約
　　料金や暗号の取扱いを定義したもの。
3. 無線通信規則（RR: Radio Regulations）
　　ほぼ「電波法」にあるような全般的なルールを決めたもの。
4. 海上における遭難及び安全に関する世界的な制度（GMDSS）
　　EPIRB、SART、DSC 等の機能とその説明。
5. 海上における人命の安全のための国際条約（SOLAS）
　　救命設備の一つとしての、搭載すべき無線設備を決めたり、A1〜A4
　　海域等を決めたもの。
6. 船員の訓練及び資格証明並びに当直の基準に関する条約（STCW）
　　通信士となるために必要な訓練及び経歴について定めたもの。
7. 海上における捜索及び救助に関する国際条約（SAR）
　　船舶での遭難の場合の救助方法を定めたもの。

19.1　国内法との違い

　国内法は国際条約をもとに作られます。したがって、基本的には同一な内容になりますが、各国の事情により用語や言葉使い、解釈が異なっています。

§1.　無線局の免許

　無線局の免許は、国内法では無線局免許状といい、船舶局の場合は以前は「通信室内の見やすい箇所にかかげておかなければならない（施38、2項）」と定められていましたが、現在では、他の無線局の場合と同じ、「主たる送信装置のある場所の見やすい箇所に掲示」となっています。

　国際法では、License と定義され、それは「できる限り常に局内に掲示」（RR 49.1）となっています。

§2.　無線設備を操作する人

　資格のある人を国内法では無線従事者（法39）といい、その業務に従事するときは無線従事者免許証を携帯しなければなりません（施38、10項）。

　国際法では、Certificate と定義されています。

§3.　遭難に対する応答

　国内法では遭難警報や通報が行われたときの応答の方法は、「受信しました」（運81の8、2項）、「了解」（運172）というように決められています。

　国際法では、国内法の「遭難警報に対する応答」に対応する用語として受信証（Acknowledgement of receipt）と表現されています（RR32.23）[1]。

§4.　局 の 検 査

　外国の港に入港したときに、外国の政府機関等によって船の無線局の検査をされることがあります。このことを局の検査といいます。このときには、政府機関等は許可書[2]の提示を無線局に対して要求することができます。また、船舶の責任者は、政府機関等の検査員に対して証票（Identity Card、IDカード）または記章（badge、バッジ）の提示を要求することができます（RR49.2）。

　外国の政府機関等は無線局の許可書が提示されないときや、明白な違反がある場合には、その無線局の設備を検査することができます。そして、検査の後、検査員の下船の前に、船舶の責任者に検査結果が通知されます。また違反があ

---

[1] 他に受信証について、無線電信の例が規定されている（運37）。
[2] 電波法での（無線局）免許状。

る場合には文書で通告されます。

練習問題

1 次の記述は、国際電気通信連合憲章の規定である。（　）に入れるべき字句を下記の字句群より選べ。

連合員は（　A　）の遭難信号、緊急信号、安全信号または識別信号の伝送または（　B　）を防ぐために有用な措置を執ること、並びにこれらの信号を発射する（　C　）を探知し、及び（　D　）するために協力することを約束する。

```
1：自国の局　　2：虚偽　　3：処罰　　4：誤発射　　5：流布
6：識別　　7：共用　　8：あらゆる局　　9：通告
```

ヒント　各国間で緊急的な通信を取り扱うことを決めたもの

答：A－2、B－5、C－1、D－6

---

2 次の記述は、電気通信の国際業務を利用する公衆の権利に関する国際電気通信連合憲章の規定である。（　　）に入れるべき字句を下記の字句群より選べ。

（　A　）は公衆に対し、国際公衆通信業務によって通信する権利を承認する。各種類の通信において、業務、（　B　）及び保障は、すべての利用者に対し、いかなる（　C　）も与えることなく同一とする。

```
1：主管庁　　2：優先権または特恵　　3：事業体　　4：連合員
5：責任　　6：料金　　7：絶対的優先権　　8：権限　　9：通信設備
```

ヒント　連合員とは、国際連合（国連）のメンバーである各国のことを意味しています。

答：A－4、B－6、C－2

3　次の記述は、船舶局に発給される許可書の記載、保管及び掲示についての
無線通信規則の規定である。（　）に入れるべき字句の組合せとして、正し
いものを選べ。

　　許可書には、局が（　**A**　）を有する場合には、受信することを許可され
た無線通信以外の通信の（　**B**　）を禁止すること、及びこのような通信を
偶然にも受信した場合には、これを再生し、第 3 者に通知し、又はいかなる
場合にも使用してはならず、その（　**C**　）さえも漏らしてはならないこと
を明示、又は参照により（　**D**　）していなければならない。

	A	B	C	D
(1)	受信機	傍受	存在	記載
(2)	無線設備	聴守	存在	表明
(3)	受信機	聴守	内容	表明
(4)	無線設備	傍受	内容	記載

ヒント　日本の法律である電波法とは、意味が少々異なっています（108 ページ参
照）。電波法は、傍受しても窃用しなければ良いように解釈できます。

答 ：(1)

4　次の記述のうち、船舶局の検査に関しての無線通信規則の規定に照らし正
しいものには 1、誤っているものは 2 で答えよ。

(1)　許可書が提示されないとき、又は明白な違反が認められるときは、政府
又は主管庁は、無線設備がこの規則によって課される条件に適合している
ことを自ら確認するため、その設備を検査することができる。

(2)　検査職員は、通信士の証明書の提示、職務上の知識の証明を請求する権
限を有する。

(3)　検査職員は権限のある当局が交付した証票又は記章を所持しなければな
らず、船舶局又は船舶地球局を有する船舶又は他の移動体の検査施行前に
必ず、これを提示しなければならない。

(4)　検査職員は、退去する前に船舶局、又は船舶地球局を有する船舶又は他の移動体の指揮者又は責任者に、検査の結果を通告しなければならない。

(5)　この規則によって課される条件に違反することが認められたときは、検査職員はその通告を文書で行う。

> ヒント　これは外国船に対する、自国の政府等の検査についての問いです。　(2)規則上は、証明書の提示や知識の証明を請求できるとは書かれていません。　(3)所持の義務はありますが、提示義務はありません。責任者からの要求があったときに提示すればよいとされています。
>
> 答 ：(1)−1、(2)−2、(3)−2、(4)−1、(5)−1

5　国際電気通信条約付属無線通信規則で規定している無線電話の遭難信号は次のうちどれか。

(1)　MAYDAY

(2)　DISTRESS

(3)　PANPAN

(4)　SECURITE

> ヒント　(2)これは単に遭難を意味する英単語です。
>
> 答 ：(1)

コラム：ファクシミリ

　　船舶と陸とのファクシミリの通信は、うまくいく場合とそうでない場合があります。機器間の相性や、インマルサットを使う場合、衛星と地球との距離が遠いため通信に遅れ（遅延）を生じますが、その遅延に対応できないファクシミリなどがあるといわれています。ファクシミリで「エラー」となった場合でも、船あるいは陸に届いている場合がありますので、何度もエラーになる場合には、一度電話をして確認してみる価値があります。

コラム：VHF 77ch

　VHF無線電話で船舶間で通信するとき、よく6chが使われます。でも、すでに他の船の通信に使われていることがあります。

　船舶同士の場合、多くの船員が6、8、10chと覚えているはず。

　外国船籍では使える場合が多い77ch。このチャンネルは船舶同士しか使えませんし、知られていないので混信することも少ないはず。

　（※77chの周波数を使えない無線機や船もあるので覚えておいてください。）

第20章 海上安全情報と無線用英語

　船では、機器の説明書から表示板にいたるまで、英語で書かれています。さらに、外国にいけば、パイロット*¹ やタグボートの手配、荷役作業の指示、食糧・燃料の積み込みの指示に至るまで、すべて英語です。そのため、航海士・機関士には、それを使いこなす能力が必要です。

　英語の能力については船舶通信でも必要ですが、無線電話での会話は、ジェスチャーが利用できない分、ヒアリング力も重要視されます。しかし、専門の用語をうまく使えばなんとかなることも多いのです。

　その例として、実際の通信に使用された電文を紹介します。これらを「さっとみて」、自船に必要か必要でないかの区別ができなければなりません。英語ができない人、嫌いな人には辛いですが、実際は、専門の用語をある程度身につければ、かなりのレベルまで理解できるようになります。

20.1　海上安全情報

　海上を航行している船舶に対して、安全な航海のために必要な各種警報が出されます。これを海上安全情報（Maritime Safety Information：MSI）と呼びます。代表的なものに、世界航行警報（NAVAREA、ナバリア）とMETAREA（気象警報、メタリア）があります。多くの船でこれらの情報を受信できるような無線設備を搭載しなければなりません。

§1. 海上安全情報受信機の電文

　海上安全情報受信機は、船舶の衝突や、火災などの事故*² の予防、あるいは救助作業がうまくできるようにするための情報を受信し、表示または印刷する

*¹ 水先案内人のこと。
*² 海難事故。

ための装置です。

　MSI 受信機には MF/HF 帯のナブテックス受信機と、その受信区域外（MF 帯だとおおよそ 550km 以上）では、通信衛星のインマルサットを利用する EGC（Enhanced　Group　Call、イージーシ。または、高機能グループ呼出）受信機があります。次に、MSI 受信機で受信した情報を紹介します。

§2. NAVAREA

　NAVAREA（ナバリア：世界航行警報）は、図 20.1 に示すように、2007 年には全世界を 16 の区域に、2018 年現在では 21 の区域に分割しています。射撃訓練の実施や、遭難船の事実など海域ごとに必要な情報を区域に分けて放送しています。日本周辺は、北太平洋西部及び東南アジア海域のローマ数字で示す XI、つまり 11 番目の海域です。

　海域ごとに 1.5GHz の電波を使ったインマルサット衛星の EGC サービスを使用して放送されています。EGC サービスとは Enhanced　Group　Call のことで、特定の海域や登録された船隊に対して情報を選択して放送できます。

　NAVAREA はこのサービス中の SafetyNET（無料）を利用しており、このほか FleetNET（有料）があります。インマルサット C の無線設備には EGC 受信機としての機能がある場合が多いので、わざわざ EGC 受信機を必要としない場合もあります。

NAVREA と METAREA のメッセージ

　次に三重県鳥羽市において EGC 受信機で受信した NAVAREA と METAREA のメッセージの例を示します。ナブテックスの航行警報と気象警報に似た電文になっています。

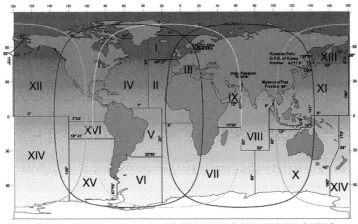

GEOGRAPHICAL AREAS FOR CO-ORDINATING AND PROMULGATING RADIO-NAVIGATIONAL WARNINGS

図 20.1　IMO が指定した NAVAREA と METAREA の範囲及びインマルサット衛星のカバーエリア

（http：//www.inmarsat.com/maritimesafety/figure2.htm より）

NAVAREA

```
ZCZC
NAVAREA XI WARNING
NAVAREA XI 0515.
NORTH PACIFIC, WEST CAROLINES.
DISTRESS SIGNAL RECEIVED IN 08
-57.7N 139-05.6E, GEODETIC DATUM
UNKNOWN, AT 141107Z AUG.
VESSELS IN VICINITY REQUESTED
TO KEEP A SHARP LOOKOUT, ASSIST
IF POSSIBLE.
REPORT TO RCC GUAM, TELEX:392401.
NNNN

02-08-28 09：27
```

（日本語訳）

ZCZC

NAVREA XI　警報

NAVREA XI　0515.

北太平洋、西部カロリン諸島

8 月 14 日 11 時 07 分（世界時）に北緯 8 度 57.7 分、東経 139 度 5.6 分にて遭難信号を受信。（測地系は不明）付近航行中の船舶は見張りを十分に行い、援助が可能であればすること。

報告は、グアム救助調整機関（テレックス番号 392401）まで。

NNNN

2002 年 8 月 28 日 9 時 27 分（世界時）受信

┌─────────── METAREA ───────────┐

PAN PAN

TROPICAL CYCLONE WARNING/ISSUED
FOR CIRCULAR AREA OF METAREA
XI(POR)WARNING 280300
WARNING VALID 290300.

TYPHOON WARNING.

TYPHOON 0215 RUSA(0215)955
HPA AT 25.4N 135.7E SEA SOUTH
OF JAPAN MOVING WESTNORTH-
WEST 14KNOTS.POSITION GOOD.

MAX WINDS 75KNOT NEAR CENTER.
RADIUS OF OVER 50KNOT WINDS
80MILES NORTHEAST SEMICIRCLE
AND 50 MILES ELSEWHERE.
RADIUS OVER 30KNOT WINDS 325
MILES NORTHEAST SEMICIRCLE
AND 290 MILES ELSEWHERE.
FORECAST POSITION FOR 290300
UTC AT 26.7N 129.8E WITH 110
MILE RADIUS OF 70 PERCENT
PROBABILITY CIRCLE.
950HPA, MAX WINDS 80KNOTS
NEAR CENTER.
JAPAN METEOROLOGICAL AGENCY.
=
02-08-28 04：15

└────────────────────────────────┘

（日本語訳）

PAN PAN（緊急通報の意味）

熱帯低気圧警報　METAREA XI（イ
ンマルサット太平洋衛星）の区域向け
警報 28 日 03：00（世界時）発表
警報の対象期間は 29 日 03：00（世界
時）まで。

台風警報

955hPa（ヘクトパスカル）の台風
2002 年 15 号（0215）、RUSA は、日
本の南、北緯 25.4 度、東経 135.7 度
にあって、西北西に 14 ノットで移動
しています。位置は正確です。

中心付近の最大風速は 75 ノット。

台風の中心から北東 80 海里及び 50 海
里の円内では風速は 50 ノット以上で
す。

台風の中心から北東 325 海里及び 290
海里の円内では風速は 30 ノット以上
です。

29 日 03：00(世界時)の 70 パーセント
確率の予想位置は、北緯 26.7 度、東
経 129.8 度を中心とする半径 110 海里
にあります。

中心気圧は 950hPa で、最大風速は 80
ノットです。

（日本）気象庁

2002 年 8 月 28 日 4 時 15 分(世界時)受信

§3. ナブテックスの電文紹介

─────灯台移動の例─────

```
ZCZC IA50
071720 UTC FEB 03
JAPAN NAVTEX N.W. NR 0233/2003

NAKA NO SE TRAFFIC ROUTE LIGHT
BUOY NR 1, 35-20.9N 139-44.5E.
WGS-84
L.L. VOL 1, 2050, TEMPORARILY
REMOVED REFER 0213/03.
NNNN
```

（日本語訳）
ZCZC IA50
2003年2月7日17：20（世界時）
日本ナブテックス航行警報2003年
第233番
中ノ瀬航路第1号灯浮標、北緯35
度20.9分、東経139度44.5分。(世
界測地系)
灯台表第1巻、2050、一時的に移動
しました。2003年213号を参照の
こと。
NNNN

────── ロランＣの電波停止の例 ──────

```
ZCZC IH08
082120 UTC FEB 03
JAPAN NAVTEX N.W. NR 0226/2003
NORTH PACIFIC, WESTERN PART,
LORAN C, NORTHWEST PACIFIC CHAIN,
8930 AND KOREAN CHAIN, 9930-Y
OFF AIR.
030000Z TO 110800Z FEB.
NNNN
```

（日本語訳）
ZCZC IH08
2003年2月8日21：20（世界時）
日本ナブテックス警報2003年第
226番
北太平洋、西部、ロランC、北太平
洋チェーン8930と韓国チェーン、
9930－Yは欠射(停止)。2月3日
00：00～2月11日8：00（世界時）
NNNN

```
─────── 爆撃の例 ───────

ZCZC IA21
072120 UTC FEB 03
JAPAN NAVTEX N.W. NR 0155/2003
INUBO SAKI, NORTHEASTWARD,
BOMBING.
2200Z TO 0800Z COMMENCING
DAILY 31 JAN, 02 TO 07, 09, 11
TO 14, 16 TO 21 AND 23 TO 27
FEB.
AREA BOUNDED BY
36-03-12N 141-20-48E

36-38-11N 141-20-48E

36-40-12N 141-57-48E

36-11-12N 141-47-48E, WGS-84.

NNNN
```

（日本語訳）
ZCZC IA21
2003年2月7日21：20（世界時）
日本ナブテックス警報2003年第
155番
犬吠埼、北西方向、爆撃。
毎日22：00〜08：00(世界時)。1月
31日、2月2〜7日、9日、11〜14日
16〜21日、23〜27日。

世界測地系の下記で囲まれる海域
北緯36度03分12秒、東経141度
20分48秒
北緯36度38分11秒、東経141度
20分48秒
北緯36度40分12秒、東経141度
57分48秒
北緯36度11分12秒、東経141度
47分48秒
NNNN

20.2　ナブテックス電文解釈

　これらの電文を読んでみましょう。英語の教科書や小説、説明書などの英文
とは、ちょっと違います。辞書に載っていない、あるいは辞書をひいても、まっ
たく意味がつながらない文章もあります。こういう場合は、専門用語か、短縮
されて使われている場合がほとんどです。

　例えば、ナブテックスの電文は、以下のルールの基に英語(一部、略語使用)
で記述されています。このルールを知っていれば、かなりのことがわかるよう
になっています。

　1. 電文は"ZCZC"から始まり"NNNN"で終了です。

　2. 雑音による解読不能文字は"＊"で出力されます。

3. "270120 UTC JAN 02" は、2002 年 1 月 27 日 0120（世界時*3）の意味です。

4. ZCZC に続く、ID00 は以下の意味を持つ。

(1) I は送信局を示す。G：那覇、H：門司、I：横浜、J：小樽、K：釧路

(2) D は通報の種類を示す（表 20.1 参照）

(3) 00 は 01--99 まで通し番号（ただし 00 は緊急情報）

§1. ナブテックスの情報量と識別する能力

航行警報などを自動的に受信・表示するナブテックスは、1993 年 8 月から、多くの船舶に搭載と航行中は常に受信することが義務づけられています。その情報は、それぞれ項目ごとに分類されて送信していて、利用者は海岸局（海域）と項目を選択して受信できます。しかし、航行警報、気象警報、遭難救助情報に関しては、受信することが義務づけられています*4。

その文字量は、表 20.1 に示すように、約 1 週間で 1993 年は約 5 万字*5、2015 年には 8 万字にもなっています。船舶の運航者には、これらを素早く理解して処理・実行する英語力が必要です。

表 20.1 ナブテックスの 1 週間の受信状況（横浜 I を 1993 年と 2015 年に受信）

項　目	2015 年	1993 年
A：航行警報	55 件	38 件
B：気象警報	39 件	32 件
D：遭難・救助情報	12 件	2 件
E：気象情報	13 件	8 件

§2. 注 意 点

受信したメッセージを紙に印字する場合、受信したままにしておくと、重要なメッセージが埋もれてしまうことがあります。

---

*3 世界時＝日本時間－9 時間
*4 船舶設備規程第 146 条の 10 の 2、ナブテックス受信機。航海用具の基準を定める告示 6 条。
*5 原稿用紙で 100 枚!!

　重要度が高いメッセージを受信した場合、アラーム音が鳴り続けることになっており、面倒に感じることがあります。

　受信エリアを指定しないと広大なエリアの情報を受信することにもなってしまいます。また、受信する情報とエリアを設定することが可能ですが、NAVAREAは範囲が広いので、自船に関係のない情報を受信することもあります。

──────── 日本周辺で南半球の情報を受信した例 ────────

```
STRATOS C-LES PSTN USER 7-JUN-2002 05：09：19 918984
FM NAVAREA XIV COORDINATOR 070430Z JUN 02
NAVAREA XIV 02/090
BEGINS
SOUTH PACIFIC NEW ZEALAND TO AUSTRALIA. CONCERN IS HELD
FOR 10 METER YACHT'SKIDD TOO' ON OCEAN RACE FROM PORT
TARANAKI (NEW ZEALAND) TO MOOLOOLABA (AUSTRALIA). LAST
REPORTED POSITION 32-49S 166-14E AT 010700Z JUN 02.
VESSELS IN THE AREA ARE REQUESTED TO KEEP A SHARP LOOK-
OUT, ASSIST IF POSSIBLE. REPORTS TO MARITIME OPERATIONS
NEW ZEALAND INMARSAT-C：451200067,
PHONE：64-4-914-5663,　FAX：64-4-914-5520,　OR　TAUPO
MARITIME RADIO ZLM.
ENDS
02-06-07 14：19
```

§3. 電 文 略 語

　ナブテックスをはじめ、船の電文には略語が多用されています。以下によく使われる略語とその意味を説明しています。辞書にない略語ばかりですので、辞書にないと思ったら、次の例をあてはめてみてください。

N.W.	航行警報（Navigation Warning）
F/V	漁船（Fishing Vessel）
M/V	汽船（Motor Vessel）
NR	Number

UTC	世界時
LES	海岸地球局 (Land Earth Station)
SES	船舶地球局 (Ship Earth Station)
N	North
S	South
E	East
W	West
30-12N	北緯 30 度 12 分
140-12E	東経 140 度 12 分
MSA	Maritime Safety Agency (海上保安庁)
Japan Coast Guard	海上保安庁
Overboard	海中転落
Missing	行方不明
Lookout	見張り
Gunnery	射撃
Bombing	爆撃
Front	前線
Datum	測地系
WWJP82 等	(これら気象警報に関する記号については、訳すとき無視してよい)
RJTD 等	(これら気象警報に関する記号については、訳すとき無視してよい)

練 習 問 題

1 船舶局に対する海上安全情報の送信方法に関する無線通信規則の規定である。正しいものには 1、誤っているものは 2 で答えよ。

(1) 海上安全情報は、国際 NAVAREA システムにしたがって、周波数 518kHz を使用して、単方向誤り訂正の狭帯域直接印刷電信によって送信する。

(2) 周波数 490kHz は、GMDSS の完全実施後、単方向誤り訂正の狭帯域直接印刷電信による海上安全情報を送信するために使用することができる。

(3) 周波数 4209.5kHz は、単方向誤り訂正の狭帯域直接印刷電信によるナブテックス形式の送信のために使用する。

(4)　海上安全情報は、1530〜1545kHz の周波数帯を使用する海上移動衛星業務において衛星を経由して送信することができる。

(5)　遠洋海上安全情報は、周波数 4210kHz、6314kHz、8416.5kHz、12579kHz、16806.5kHz、19680.5kHz、22376kHz 及び 261000.5kHz を使用して、単方向誤り訂正方式の狭帯域直接印刷電信によって送信される。

ヒント　(1)NAVAREA→ナブテックス、　(4)kHz→MHz。これはインマルサット C による EGC のこと。

答：(1)−2、(2)−1、(3)−1、(4)−2、(5)−1

2　テレタイプ航行警報（ナブテックス）に関する記述として、正しいものには 1、誤っているものは 2 で答えよ。

(1)　衛星を使用して航行警報放送を行うものである。

(2)　沿岸海域に関する海上安全情報を船舶向けに放送するための国際的な直接印刷電信サービスである。

(3)　短波帯の周波数を使用しており、どのナブテックス送信局の放送もほぼ全世界で受信できる。

(4)　各ナブテックス送信局の定時放送は 4 時間ごとに行うように時間が配分されている。

(5)　ナブテックス送信局は、中波帯の周波数を使用して放送を行う。

ヒント　(1)衛星を使って放送しているのは、EGC による NAVAREA。　(4)定時放送は 6 時間ごと。

答：(1)−2、(2)−1、(3)−2、(4)−2、(5)−1

第21章　無線用英会話集

　無線電話で使われる英語は、専門用語を使った簡単な質問と説明です。関係代名詞や仮定法といった文法は必要ありません。質問されている内容を正しく聞き取り、自分の船に関係する情報を間違いなく短い文で伝えればよいのです。

　この章では、第1級海上特殊無線技士の国家試験に出題された英会話の文型と、よく出題された単語を紹介します。これらの文例と単語をよく覚えて、どんな場面の英語であるかを想像できるようになれば合格できるでしょう。

21.1　無線英語の例

- どうぞ　　　　　　　　　　　　　Over.またはGo ahead、Please come in.
- 聞こえますか？　　　　　　　　　How do you read me?
- 了解　　　　　　　　　　　　　　Roger
- 06チャンネルに変更してください　Please change to channel zero six.
- こちらは　　　　　　　　　　　　This is~
- さようなら*1　　　　　　　　　　Out

　次に海上でよく利用される文例を紹介します。独特な表現方法、単語に慣れましょう。

21.2　洋上で……

　ここでは、洋上での船と船との通信の例を紹介します。この中には、商船同士の一般的内容と、軍艦やパトロール船との交信内容を含んでいます。

---

*1 "さようなら"は挨拶ではなく、無線業務用語の"通信の終了"の意味で使用されています（運14）。

§1. 文　例

What is your destination?

　Our destination is Yokohama in Japan.

What is the nationality of your ship?

　Our nationality is Japanese.

What was your last port of call?

　Our last port of call was Kobe Japan.

How many crew do you have on-board now?

　We have 12 crew onboard now.

Are you underway(sailing)?

　We are underway.

What are your intentions?

I am altering my course to port. I wish to overtake you on your port side.

What is your course?

　My course is 200 degrees.

What course do you advise?

Have you altered course?

　Advise keep present course.

　I'm changing course.

What method did you use to get to your present position?

Has your position been obtained by GPS?

　Our GPS does not work. Our position has been obtained by radar.

What radar range scale are you using?

　I'm using 12 mile range scale.

What is your present speed?

　My present speed is 9 knots.

What is your full manoeuvring speed?

　My full manoeuvring speed is 15 knots.

貴船の目的地はどこですか。

　本船の目的港は日本の横浜港です。

貴船の船籍はどこですか。

　本船の船籍は日本です。

貴船の前の寄港地は、どこでしたか。

　直前の寄港地は日本の神戸です。

貴船の乗組員は何人ですか。

　本船の乗組員は 12 人です。

貴船は航行中ですか。

　本船は航行中です。

貴船の動作意図は何ですか。(避航動作中に…)

　本船は針路を左に変えています。そして、本船は貴船の左舷側を追い越したい。

貴船の針路は何度ですか。

　本船の針路は 200 度です。

本船はどの針路をとればいいですか。

貴船は針路を変更しましたか。

　貴船は現在の針路を保ってください。

　変針中です。

貴船の現在位置はどの方法で得たものですか。

貴船の位置は GPS で得たものですか。

　本船の GPS は壊れています。本船の位置はレーダで得たものです。

貴船のレーダレンジはいくつですか。

　12 マイルレンジを使っています。

貴船の現在速力はいくらですか。

　本船の現在の速力は 9 ノットです。

貴船の全速力はいくらですか。

　本船の全速力は 15 ノットです。

21.3 入港前に……

　ここでは、入港前に行われる停泊場所や錨地の指示を聞いたり、港の中の航路通航許可や、入港操船時の船長の操船を補佐するパイロット（水先案内人）の有無、タグボート（曳船）の有無などの通信を行います。

§1. 文　　例

What is the anchor position for me?

本船の錨泊地はどこですか。

　Anchor position 200 degrees 1 mile from breakwater is allocated to you.

　防波堤から 200 度 1 マイルの錨泊地が貴船に割り当てられています。

What is your ETA?

貴船の到着予定時刻は何時ですか。

　My ETA is 13 : 00 local time.

　本船の到着予定時刻は現地時刻の 13 : 00 です。

What is the course to Star Island?

"スターアイランド"への針路は何度ですか。

　The course to Star Island is 225 degrees.

　"スターアイランド"への針路は 225 度です。

May (Can) I enter the traffic route?

本船は航路に入ってもよいですか。

　You may enter the traffic route at 10 : 00

　10 : 00 に入ってもよろしい。

Is there any other traffic?

他の船舶の通航がありますか。

　There is a vessel turning at No.1 buoy.

　1 番ブイで回頭中の船がいます。

What are my berthing instructions?

本船の停泊指示事項はありますか。

　Your berth will be clear at 15 : 00 local time.

　岸壁は地方時の 15 : 00 に空く予定です。

Do you require a pilot?

貴船はパイロットを要求(必要)しますか。

　I require a pilot.

　本船はパイロットが必要です。

At what position can I take a pilot?

本船は、どこでパイロットを乗船させることができますか。

　You can take a pilot near the pilot station.

　貴船はパイロットステーションの近くでパイロットを乗船させることができます。

At what time will the pilot be available?

パイロットは何時に間に合いますか。

　A pilot will be available to go onboard around 10 : 00.

　10 時頃、乗船予定です。

Must (should) I take a pilot?	本船はパイロットを乗船させなければいけませんか。
You must take a pilot.	貴船はパイロットを乗船させなければなりません。
Must I take tugs?	本船はタグボートをとらなければいけませんか。
You may navigate by yourself or wait for a tug near No.2 buoy.	貴船だけで進むこともできますし、No.2 ブイの周囲でタグボートを待つこともできます。
How many tugs must I take?	本船は何隻のタグボートをとらなければなりませんか。
You have to take two tugs.	貴船は 2 隻のタグボートをとってください。
At what position will the tug meet me?	本船はどの位置でタグと会いますか。
The tug will meet you near No.2 buoy 11 : 00 local time.	タグボートとは地方時 11：00 に No. 2 ブイ付近で会えます。
What is your present position?	貴船の現在位置はどこですか。
My position is 180 degrees 2 miles from Moon Star.	本船の位置は"ムーンスター"から 180 度 2 マイルです。
What is the course to reach you?	貴船に到達する針路は何度ですか。
The course to reach me is 100 degrees.	本船に到達する針路は100度です。

21.4　入港スタンバイ中に……

　ここでは入港スタンバイ中に行われる、タグボートや航路管制所との通信や、水先人乗船やタグボート利用前の準備で行われる通信の例をとりあげます。

§1.　文　　例

What time may (can) I enter the canal?	本船は何時に運河に入れますか。
May (Can) I enter the route?	本船は航路に入ってもよいですか。
You will enter the canal at 23 : 00	貴船は23:00に運河に入ってください。
What is your draught?	貴船の喫水はいくらですか。
My draught is 12m.	本船の喫水は 12m です。
What is your draught forward?	貴船の船首の喫水はいくらですか。

My draught forward is 12.5m.	本船の船首の喫水は 12.5m です。
What is your air draught?	貴船の水面上の高さはいくらですか。
My air draught is 7m.	本船の水面上の高さは 7m です。
What is the tide state?	潮汐はどうですか？
The tide is rising. It is 2 hours before high water.	潮は満ちている最中です。高潮の2時間前です。
Is there sufficient depth of water?	水深は十分にありますか。
What speed do you advise?	本船の速力は、どの位がよいですか。
You must reduce present speed. Advise your speed should be 10 knots.	貴船は現在の速力より遅くしてください。速力は10ノットがよいです。
You must rig pilot ladder on port side. Please arrange the pilot ladder 2 meters above the sea level.	パイロットラダーは左舷に設置しなければなりません。パイロットラダーを水面から 2m の位置に調整してください。

21.5 入港後に……

§1. 文　例

What is your ETD from Pier No.7 ?	貴船の第7番桟橋からの出発予定時刻は何時ですか。
My ETD is 13 : 00 local time.	本船の出発予定時刻は現地時刻の13 : 00 です。

21.6 漁業に関する項目

1海特の試験には、漁に関する項目もあります。独特のいい回しから魚を捕っている様子を想像しましょう。

§1. 文　例

Where did you begin fishing?	貴船はどこで操業を開始しましたか。
We began fishing at 30-12N 122-11E.	本船は北緯30度12分、東経122度11分で操業を開始しました。

What is your total catch up to today?	貴船の本日までの総漁獲量は、いくらですか。
We have caught a total of 12 tons.	本船の総漁獲量は 12 トンです。
How long have you been in the fishing zone?	貴船は漁業水域にどの位いましたか。
We have been here for thirty-nine days.	本船は 39 日間いました。
How many anglers are there on your vessel for the longline?	貴船には、はえなわ漁のために何人の釣る人が乗っていますか。
Ten anglers are on board.	10 人乗っています。

21.7　例文以外の船舶英語

　これまでの節でとりあげた例文以外の無線で使われる可能性のある用語を、以下に列挙します。

Anchor Position	錨位	Area to be avoided	避航水域
Calling in Point	通報位置	Correction	訂正
Deep Water Route	深水深航路	Dragging	走錨
Dredging Anchor	用錨操船	Draught（＝Draft）	喫水
Established	業務開始	ETA	到着予定時刻
ETD	出発予定時刻	Fairway	航路
Fairway Speed	航路速力	Foul anchor	からみ錨
Foul propeller	からみ推進器	Hampered vessel	操縦性能制限船
Air Draught	水線上高さ	Icing	船体着氷
Inoperative	機能不能	Inshore Traffic Zone	沿岸通航帯
Mark	物標	Offshore Installation	沖合構築物
Precautionary area	警戒水域	Receiving Point	受信地点
Recommended track	推薦航路	Reporting Point	通報位置
Separation Zone	分離帯	Traffic	通航、交通
Traffic Lane	通航路	Two Way Route	対面航路
Vessel Crossing	横断船	Vessel Inward	入航船

Vessel Leaving	出港船	Vessel Turning	回頭船
Vessel Outward	出航船	Way Point	通過地点
Recommended direction of traffic flow			
	勧告通航方向		
Traffic Separation Scheme			
	分離通航方式		

21.8　職　　名

Master	船長	Captain	船長
Deck officer	航海士	Engineer	機関士
Radio officer	通信士	Shipowner	船主
Fishing master	漁労長	Purser	事務長
Crew	船員（乗組員）	Watchman	見張員
Cook	調理員		

練 習 問 題

1　次の無線電話で使用される英語についての設問のうち、誤りを一つ選べ。

(1)　「本船は～」という意味で、「We～」ということがある。

(2)　「貴船は～」という意味で、「You～」ということがある。

(3)　船長の意味で、Master ということがある。

(4)　船を表す意味で、He ということがある。

ヒント　(4)船は女性名詞。

答：(4)

2　次の無線電話で使用される英語についての設問のうち、誤りを一つ選べ。

(1)　Pilot とは、飛行機の操縦者の意味である。

(2)　Tug boat とは、曳船（えいせん、ひきぶね）の意味である。

(3)　海上保安庁の巡視船は、英語で、Japan Coast Guard Patrol Ship という。

(4)　エンジンを使って走る船を M/V, Motor Vessel という。

ヒント　(1)水先（案内）人のこと。港や湾内の水域において船長の操船上の補佐、助言をする人のことで有料。

答 ：(1)

第22章 英会話の試験内容

英語を使える能力は無線通信に欠かせません。英語が使えるかどうか、無線従事者の国家試験では英会話の試験があります。次のような目標が設定されています（従5）。

- 第3級海上無線通信士
    1. 文章を十分に理解するために必要な英文和訳
    2. 文章により十分に意思を表明するために必要な和文英訳
    3. 口頭により十分に意思を表明するに足りる英会話
- 第1級海上特殊無線技士
    口頭により適当に意思を表明するに足りる英会話

22.1 英会話の試験

会話の試験はヒアリング試験です。試験官との面接試験はありません。1海特は5問、3海通は7問出題され、選択方式です。

試験は、190ページに示すような問題用紙とマークシート形式の解答用紙が配付されます。試験についての説明の後、191ページに示す問いがスピーカから再生されます。受験者は、その問題に対して、適当な解答を選びます。

問いは、一つにつき3回流されます。1回ごとの問いの間隔は10秒です。3回目の問いは、通常の会話のスピードで、かなり速く感じると思います。次の問いの10秒前に「10秒前です」というアナウンスが流れます。録音された英語は、ネイティブ風の発音で、癖があるようです。

—————— 第1級海上特殊無線技士相当の英会話の問題用紙の例 ——————

Q1
1. Draught is good.
2. It is 12 meters.
3. Air was clean.
4. Air plane passes the Sea.

Q2
1. Thirty-four days.
2. The area is bounded by 44-55N 113-11E, 44-00N 113-11E, 45-00N 113-00E.
3. 55 miles.
4. 12km.

Q3
1. We require a life of time.
2. I am assistant.
3. I can assistant for you.
4. We require medical assistance.

Q4
1. A cast plays the South Side Story.
2. Sea was smooth and wind was light air.
3. Wind force at weather is stronger than lee.
4. The wind will increase to force 40 knots within the next 12 hours.

Q5
1. It is 2 nautical miles at south coast.
2. It was 12 nautical miles.
3. It is $12000.
4. We had visited in San Francisco.

—— 問い（例）——

Question 1.

It is important for merchant vessel to know its own draught. What is your air draught?

（10秒間）

It is important for merchant vessel to know its own draught. What is your air draught?

（10秒間）

It is important for merchant vessel to know its own draught. What is your air draught?

（50秒間）

「10秒前です」

（10秒間）

以下、同様に出題される。

Question 2.

I recognize you as a fishing boat, flagged Japanese. How long have you been fishing in the fishing zone?

Question 3.

NIPPON MARU NIPPON MARU this is Oo-ko port-radio Oo-ko port radio. I received your situation. You have some injured and many dead. What assistance is required? Over.

Question 4.

Northbound vessel northbound vessel this is southbound vessel Yukikata-maru Yukikata maru. What is the weather forecast for southbound?

Question 5.

This is Yukikata maru, our destination is the south coast. We need information about visibility. What was visibility at southcoast?

22.2　合格のために

　英会話の試験だからといって、特別な勉強は必要ありません。事前に船と無線で使う単語を覚え、試験のやり方に慣れて下さい。

　緊張せずに、質問を聞き取り、配布された選択肢をすばやく読みとる努力をしてください。

- 専門用語はできる限り覚えておく。
- 問題用紙が配られたら、すべての選択肢を読み、問題を想像する。
- 船橋にいる航海士のつもりで問いを聞く。
- 3 回目に繰り返される問いはスピードが早いので、2 回で解くようにする。
- 「10 秒前です」が聞こえたら、次の問題に備える。

問い(例)答：Q1−2　　Q2−1　　Q3−4　　Q4−4　　Q5−2

第23章　直接印刷電信の試験

　第3級海上無線通信士以上の通信士の国家試験には、英文タイプライターの打鍵テストがあり、それを直接印刷電信の試験といいます。キーボードを見ずにキーを打つ、ブラインドタッチ*¹ができればいいですが、キーボードに慣れていれば、合格すると思います*²。打鍵スピードは、1分間に50文字です。

23.1　試験の流れ

　電気通信術の試験は、欧文電話の受話を受験者一斉に行ったあとに、試験場の後部、または別室に設置された、ノートパソコンで直接印刷電信の送信の試験が行われます。試験前に、次のページにあるような、試験に対する注意書きが渡されるので、よく読みましょう。

　パソコンのキーボード配列はJIS*³であり、テンキーはありません（従3、告示722号）。

　最初、試験官から操作の説明がなされ、「練習をしますか？」と聞かれるので、練習をしておきましょう。練習では、以下の例文を練習できます。この例文は印刷されていて、練習の前に渡されます。

　スペースは'△'、改行が'↵'で表示されています。例文どおりに、パソコンに文字を入力していきます。間違って文字を入力した場合には、ブザーかチャイムが鳴り、誤って入力したことが知らされますので、受験者は再度、正しい文字を入力します。正しい文字を入力するまで、ブザーが鳴り続け先に進めないので注意してください。

　練習の後、受験番号と名前（ローマ字）を入力した後に、問題文が手渡さ

*¹ 手元を見ずにタイプすること。
*² A-Z、1-9と記号の位置を大体覚えていれば2本指でもOK。
*³ ASCII配分というキーボードもあり、記号の一部が違う場所に配置されています。

---- 注意書き ----

試験は 5 分間
試験開始後は質問できない
スペース　　△
改行　　　　↵

---- 練習問題 ----

A△QUICK△BROWN△FOX↵
JUMPS△OVER△THE△LAZY△DOG.↵
↵
↵
1234567890,./?↵
-=+'()↵
↵
↵
↵
↵
NNNN

れます。問題文は実際にテレックスに使用されるような文です。

　川崎汽船のある船が、代理店あてに、「錨を落したので手配をしてくれ」と
いった電文もありました。電文には、テレックス用に略された単語は、使用さ
れていません。ただし、文の区切りのためにいくつかの「／」が使用されてい
ます。

　試験は、自らキーを操作して試験を開始します。印刷電信の試験は受験番号
順に進められ、試験が終わり次第、退出することができます。送話と印刷電信
の試験は、試験を待っている人からも見られているので、緊張するかもしれま
せん。以下の模擬試験をミスが少なく、5 分以内で打てれば合格でしょう。

─── **試験問題（例）** ───

```
ZCZC△634900↵
NIPPON△YUSEN△PACIFIC△HIGH△WAY↵
↵
TENYOUMARU/JJRU△REPORTS△AS△FOLLOWING
↵
↵
0845△RECEIVED△A△DISTRESS△SIGNAL△FROM△↵
"HIDEMARU"（JGIG）↵
TOOK△FIRE△AT△APPROXIMATELY△POSITION△LONGITUDE↵
135-25, LATITUDE△45-36↵
DANGEROUS△WANTED△IMMEDIATELY△RESCUE.↵
OUR△NOON△POSITION△IS△27-15N/139-01E.↵
↵
T.S.HOKUTOMARU△MASTER↵
↵
↵
NNNN
```

コラム：Telex

電話線を利用した文字通信のテレックス（Telex）は、国際通信を代表していたほどの主流な通信手段でした。しかし、ヨーロッパ、日本を中心に加入者数が減っています。専用端末と回線が必要なことと、ファクシミリやインターネットが普及したことが原因ともいわれています。

参 考 資 料

　本書の作成にあたっては、さまざまな図書、資料を参考にしました。なお、掲載されている書名等の情報は、本書初版時の情報で記載されており、現在は絶版になっている書籍等も含まれています。無線従事者関連では、情報通信振興会（旧称：電気通信振興会）と東京電機大学出版会の本には適切な解説があり学習者にとってよい資料となるので、お勧めできます。

　最新情報については、KDDI等の電話会社のインターネットのホームページでインマルサット等の解説や料金説明が入手できます。

［1］**"CQ ham radio"**：CQ出版社、870円。アマチュア無線家用の雑誌。電波伝搬予報が掲載されているほか、短波帯での通信方法やモールス符号を使った交信についての解説されことがあるなど、プロの通信では用いられなくなった技術が特集されています。

［2］ソフトバンクテレコム・ホームページ：http://www.softbanktelecom.co.jp/business/phoone_service/int_inmar/index.html、インマルサットへの電話のかけかたがやさしく書かれています。料金はKDDIと多少異なります。

［3］**"GMDSS実務マニュアル"**：庄司和民・飯島幸人、成山堂書店、2520円。タイトルどおり"実務者"向りの解説書です。GMDSSでの無線機器の解説は十分ですが、一般通信の説明はありません。

［4］独立行政法人航海訓練所・パンフレット：各練習船がカラー写真で紹介。

［5］**"よくわかる！　気象予報士試験"**：浅野祐一、弘文社、2625円。一冊で天気図の読み方はもちろん高層天気図、気象観測の方法まで解説されています。もちろん、気象予報士を受ける場合にも良。

［6］**"海洋気象講座（11訂版）"**：福地　章、成山堂書店、4830円。少々高価ですが、基本的な気象知識および観測の方法も書かれています。

［7］**GMDSS無線通信装置総合カタログ**：日本無線、トキメック、古野電気、各社カラー写真で装備すべき機器や法的理由、GMDSSの仕組みがよくまとめられています。

［8］**世界海上無線通信資料**：無線通信社、毎年発行される通信関連の資料集。

15,000 円と高価ですが、現役の船乗り（通信士）からの報告によって常に新しい情報に保たれている極めて実用性の高い実務書。

[9] **"日本の船位通報制度参加の手引き"**：海上保安庁警備救難部編、海上保安庁、パンフレット、公式の手引き。必要な情報はすべて記載されています。

[10] **KDDI・ホームページ**：http://www.kddi.com/business/service/other/inmarsat/、インマルサットの概要が良く説明されているホームページ。

[11] **"特殊無線技士（第1級陸上を除く）　国家試験予想問題解答集"**：電気通信振興会編、財団法人電気通信振興会、2310 円。数年に1度の割合で改訂があり新問に対応している過去問集です。これを真面目にやって落ちた人は…聞きません。数年前から英会話の過去問が掲載されるようになりました。

[12] **"養成課程用教科書1海特用「英語」"**：電気通信振興会編、1323 円、IMO が定めた標準海事英語を中心にまとめられた講習会で1海特を取得する場合の教科書。これをただ暗記しても「英会話」の試験には合格しないと思います。

[13] **"教育用電波法令集"**：電気通信振興会編、財団法人電気通信振興会、3150 円。受験のためには必要ないと思いますが、勉強の参考になると思います。

[14] **"無線従事者国家試験問題解答集「海上無線通信士」"**：電気通信振興会編、財団法人電気通信振興会、3675 円。いわゆる過去問集。基礎を勉強し、ここに掲載した問題を解けるようになれば工学は OK。法規は穴うめ問題の穴が時折変わるので十分に理解する必要があります。英語は基本的な英語力と、法規を理解しておく必要があります。

[15] **"電波受験界"**：電気通信振興会、財団法人電気通信振興会、840 円。無線従事者国家試験受験指導雑誌です。毎年5月号には付録が付き、無線従事者と電気関連の資格についての解説があります。

[16] **"1・2陸技受験教室(3)　無線工学 B"**：吉川忠久、東京電機大学出版局、2625 円。陸上無線技術士の国家試験受験対策本。電波伝搬や電離層については、学術書にくらべて例題が多く、理解しやすいのでお勧めです。

[17] **"イラスト・図解電波のひみつ"**：吉村和昭・安居院猛・倉持内武、技術評論社、1449 円。電波がどのように利用されているか一般の通信技術に関連したところをイラストで説明した本。船舶通信に関する情報は多くはありませんが、電波と通信を理解するにはちょうどよいでしょう。

[18] **"移動通信辞典"**：進士昌明・服部武・生越重章編、丸善、3465 円。技術者向けの移動体通信のすべてを解説した書籍。海上通信から携帯電話、無線 LAN まで必要な技術について解説されています。

[19] **"インマルサットシステム概説"**：千葉榮治編著、電気通信振興会、2200 円。

インマルサット A〜D＋、M まで詳しく説明があり、実用的な解説書。

[20] **"Admiralty List of Radio Signals ALRS GMDSS, Vol 5"**：British Admiralty、42.64 ポンド。英国の海図の発行元による GMDSS 関連の海岸局の周波数のリスト兼、解説書。図や写真だけでも大変参考になります。

[21] **"船舶と無線システム"**：鈴木治ほか、RF ワールド、No.21、CQ 出版社 1890円。電気や無線通信の技術者向けに機器の解説を中心に執筆したものです。本書で機器や仕組みが気になった場合に御覧頂ければと思います。

[22] **"小型船舶への無線電話の搭載と大型船との通信に関する考察 —船舶共通通信システム導入後の現状—"**：霜田一将、鈴木治、吉田南穂子、木村琢、日本航海学会論文集 129 号、p.67-77。三重県津市の沖合いで、銀河丸と鳥羽丸の2 隻の練習船で、VHF 無線電話およびハンディ型の VHF 無線電話を使ってどの程度の出力で実用的な通信ができるか調査したもの。大型船となら、地上高が稼げるので低出力でも実用的な通信ができるのがわかりました。

付録 A　全無線従事者資格

表 A.1　無線従事者資格一覧

資　格	対　象	知　識	職　種
第 1 級総合無線通信士	外航	電波大学	通信士
第 2 級総合無線通信士	内航	電波高専	通信士
第 3 級総合無線通信士	漁船	水産高校	通信士
第 1 級海上無線通信士	外航	大学	航海士等
第 2 級海上無線通信士	外航	工業高専	航海士等
第 3 級海上無線通信士	外航	高校	航海士等
第 4 級海上無線通信士	内航	高校	航海士等
第 1 級海上特殊無線技士	外航	高校	航海士等
第 2 級海上特殊無線技士	内航	高校	航海士等
第 3 級海上特殊無線技士	小型艇	高校	航海士等
レーダー級海上特殊無線技士	外航	高校	航海士
航空無線通信士	国際	高校	パイロット
航空特殊無線技士	国内	高校	パイロット
第 1 級陸上無線技術士	国内	大学	放送局
第 2 級陸上無線技術士	国内	短大	放送局
第 1 級陸上特殊無線技士	国内	高校	衛星
第 2 級陸上特殊無線技士	国内	高校	基地局
第 3 級陸上特殊無線技士	国内	高校	タクシー
国内電信級陸上特殊無線技士	国内	高校	自衛隊
第 1〜4 級アマチュア無線技士	国際	様々	アマチュア

付録 B　無線従事者国家試験連絡先

B.1　試験実施機関

　無線従事者国家試験は、(財)日本無線協会が総務省より認可され実施しています。ホームページには、試験日程のほか、最新の出題問題がPDF形式で閲覧できるようになっています。

　受験申請はインターネットで行います(2021／11から)。結果は試験後、ホームページでの掲載および申請時の電子メールアドレスに送られてきます。

　(財)日本無線協会本部

　　　　〒104-0053　東京都中央区晴海3-3-3

　　　　試験免許関係用　03-3533-6022

　　　　ホームページ https : //www.nichimu.or.jp/

B.2　受験および免許の申請書、受験参考書の発行元

　無線従事者免許証の申請書、また、過去問題集や、参考書等を発行しています。これらの書類は、書店経由でも購入することができるほか、インターネットからでも手に入れることができます。

　(一財)情報通信振興会

　　　　本部　〒170-8480　東京都豊島区駒込2-3-10

　　　　電話 03-3940-3951(代)、FAX 03-3940-4055

　　　　ホームページ https : //www.dsk.or.jp/

付録 C 　船舶用の通信料金一覧

条件：太平洋上にある日本船籍の船から日本への通信。

表 C.1　通信料金比較
2021 年 12 月現在（インマルサット FB は 2017 年 8 月現在）

回　線		電　話	TELEX	Data	パケット	回線速度
インマルサット	C FB	95 円/分	26 円/256 ビット 837 円/1 分 (64kbps)		488 円[注2]	0.6kb/s 64kb/s
衛星船舶電話 ワイドスターⅡ		49.5 円又は 99 円/30 秒		412.5 円/ 30 秒	0.11 円[注3]	上り 144kb/s 下り 384kb/s パケットによる 通信速度はいず れもベストエ フォート

(注1)　10k ビットあたり。
(注2)　1M バイトあたり。（月額 218,600 円 1G バイトプランで、1G 以上の従量課金）
(注3)　128 バイトあたり。

付録 D　実習と課題

　本章では、理解を深めるきっかけとなるような、身近にある船（練習船など）を題材にした実習や課題の例を紹介します。

D.1　電気通信術の模擬試験

　以下に、全体の試験の内容、流れについて説明をします。送話を除き、国家試験と同様に行います。送話は 50 文字の 1 分間*1 とします。

　試験の順序は、受話の試験を和文、欧文の順で、その後に、送話の試験をします。受話の試験は、録音された電文を再生します。受話の試験の後、送話の試験を番号順に試験官と 1 対 1 で行います。

　送話の試験は、最初に試験官から問題文が渡されるので、不鮮明な字や八(8)かハ（は）など判別がつきにくい文字がないか探し、不明なところは教員に確認してください。

　確認した後、試験官に「はじめてください」といわれてから、受験者は「はじめます、本文」といって、本文を通話表を使って送話します。「はじめます、本文」の後は、試験官は時間を計測し、採点を行うため、受験者の質問には一切、答えられません。

　電気通信術の採点基準は、表 D.1 にしたがって、100 点から、誤りの回数、種類に応じて点数を引く、減点法で採点をします。欧文受話、和文受話、欧文送話、和文送話の四つすべて 80 点以上で合格とし、一つでも基準に達しない場合は不合格です。

表 D.1　電気通信術採点基準（模試用）

種　類	減　　点	種　類	減　　点
誤　字	1 文字につき 5 点	脱　字	1 文字につき 2 点
訂　正	1 文字につき 2 点	不明瞭	1 文字につき 4 点
品　位	15 点以内	未送話	1 文字につき 2 点

---

*1 欧文と和文の例を 1 分間で送話できれば合格レベルです。

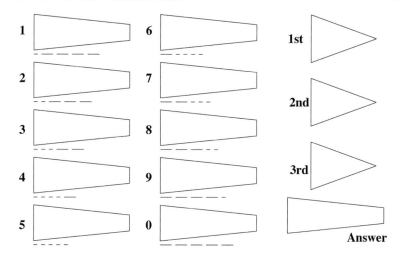

図 D.1 国際信号旗 数字旗、代表旗、回答旗

D.2 国際信号旗の色塗り

図 D.1 と図 D.2 (次ページ) の国際信号旗を各自、下記の手順に従って色を塗り、完成させよ。

・丁寧に仕上げること

1. 国際信号書の、該当ページを開く。
2. 意味を理解しながら作図を行う。
3. まず、旗の形を定規を用いて正確に書く。
4. 旗の色を鉛筆で指定する。
5. 最後に色鉛筆で丁寧に塗る。

D.3 GMDSS 機器の設置場所の調査

第 15 章で説明した GMDSS 機器は、身近な船にはどこに、いくつ設置されているでしょうか？ 表 D.2 (204 ページ) を完成させなさい。

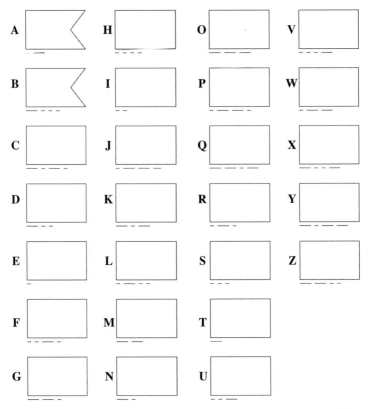

図 D.2　文字旗（各旗下方の長短符号は、それぞれのモールス符号を示す）

表 D.2　GMDSS 機器の搭載数と場所

機器名	数	場　　所
EPIRB		
SART		
双方向無線電話		
VHF 無線電話装置		
MH/HF 無線通信装置		
NBDP		
ナブテックス受信機		

D.4　発光信号のテスト

次の要領で発光信号の受信テストを行う。

1. 欧文5文字の発光信号による受信。
2. 1文字につき10秒間隔で3回送信。
3. 文字と文字の間は20秒の間隔。
4. 3文字以上の正解で合格。

D.5　電文の解釈

各自に配布した、実際のナブテックスの電文を日本語に訳しなさい。

- 要領

1. 各自電文をA4レポート用紙に貼る。
2. わからない単語を一つずつ書き出す。
3. わからない単語を辞書で調べる。
4. 文章を頭から英語で解釈し、日本語訳にする。
5. 出来上がりは（表紙、貼った電文、単語訳、電文日本語訳）の計4枚。
6. 雑音による受信不能文字 "＊" は、前後の単語より推測せよ。

D.6　国際信号書による調査実習

よく使用される、以下の2字信号の意味を、国際信号書を使って調べなさい。

UY	
UW	
UW1	
RU1	
SM	

付録 E　海技教育機構の練習船

　本書は、筆者が現在の海技教育機構の練習船で共同研究を行っていた時、多くのヒントを頂きそれをまとめたものです。

　これらの練習船（帆船・機船・汽船）では、東京海洋大学と、神戸大学、商船高専、海技大学校、海上技術学校（旧海員学校本科）及び海上技術短期大学校（旧海員学校専修科）の乗船実習を行っています。

E.1　練習船紹介

　練習船に乗るまでどんな船かを知らない人が多いと思います。どの練習船も船体が白く、錆もみえず、大変きれいです。

日 本 丸（NIPPON MARU）

呼出名称	にっぽんまる
呼出符号	JFMC
全　　長	110m
総トン数	2570t
帆走艤装	4 檣バーク
遠洋航海	ハワイ・米国西岸
実習定員	120 名
撮　　影	長崎港

　練習船の中でも有名な船（帆船）。練習船を知らない人にも知られている。港周辺ではディーゼル機関を使って航行し、大洋上は帆を使って走る。帆走でも 15 ノット以上の速力が出ることもある。高専航海コースの 6 か月や、大学の乗船実習科の 6 か月の航海で乗船。1988 年には高専の実習生がオーストラリアへ。

海王丸 (KAIWO MARU)

呼出名称　かいおうまる
呼出符号　JMMU
全　　長　110m
総トン数　2556t
帆走艤装　4檣バーク
遠洋航海　ハワイ・米国西岸
実習定員　108 名
撮　　影　ハワイ沖

　日本丸とは姉妹船。基本設計は同じであるが、日本丸より新しく帆走時の速力が速い。世界の最速の帆走練習船に贈られる賞を何度も受賞。これまで大学生が、1992 年、2000 年にはニューヨーク、2004 年には高専航海コースの学生がニュージーランドへの航海を行っている。日本丸との区別は、舷側のラインが 1 本で、救命艇が開放型のものが日本丸、舷側のラインが 2 本で半閉囲型の救命艇のが海王丸である。

銀河丸 (GINGA MARU)

呼出名称　ぎんがまる
呼出符号　JFFP
機　　関　ディーゼル
全　　長　116m
総トン数　6185t
遠洋航海　ハワイ・シンガポール
実習定員　180 名
撮　　影　東京湾

　2004 年 6 月から就航した 3 代目銀河丸。純粋な練習船としては世界最大級。青雲丸に似た形状であるが、造船所も違って中身は別もの。青雲丸のフィンスタビライザーに対して、銀河丸は舵減揺装置を搭載し揺れに対応している。

青 雲 丸（SEIUN MARU）

呼出名称	せいうんまる
呼出符号	JLLY
機　関	ディーゼル
全　長	125m
総トン数	5890t
遠洋航海	世界一周
実習定員	180 名
撮　影	神戸港

　1997 年 10 月に就航した 2 代目。動揺防止のためのフィンスタビライザーの
ほか、階段教室や雨天体操場など、実習設備や居住設備が充実。遠洋航海は、
高専の航海コースの実習生を乗せた世界一周を行っていたことも。また、政府
開発援助による外国人の研修にも対応。

大 成 丸（TAISEI MARU）

呼出名称	たいせいまる
呼出符号	7JPO
機　関	ディーゼル
全　長	91m
総トン数	3990t
実習定員	120 名
撮　影	神戸港

　2014 年に就航。主機関をディーゼル 1 機、可変ピッチプロペラおよびシリ
ング舵を利用するなど、内航船の運航を意識した練習船。先代と比べて小さい
ながら、船内各所が工夫され実習および居住空間を十分に確保。

引退した練習船

銀河 II (GINGA II)

呼出名称　ぎんがつう
呼出符号　JFKC
機　　関　ディーゼル
全　　長　115m
総トン数　4888t
遠洋航海　ハワイ
実習定員　180 名
撮　　影　室蘭港

　1972 年建造の「銀河丸」。学生居住区が安っぽく、やかましかった。1988 年にバウスラスター設置、ボートデッキ延長などの大改装を行い、2004 年 6 月に 3 代目銀河丸就航後、引退したが、練習船が足りなくなったため、2004 年12 月から造船会社で係留中の旧銀河丸を新しい船名で 2005 年末まで利用。その後、Spirit of MOL として再度、フィリピンで 2013 年まで活躍。

北 斗 丸 (HOKUTO MARU)

呼出名称　ほくとまる
呼出符号　JPTF
機　　関　蒸気タービン
全　　長　125m
総トン数　5877t
遠洋航海　豪州・米国西岸
実習定員　160 名
撮　　影　小樽港

　大成丸とは姉妹の蒸気タービン船。アフリカ東岸のモーリシャス諸島や、アラスカへの遠洋航海を行ったこともあった。また、大学の短期実習や高専航海コースの内航の実習でよく利用された。2004 年 3 月末に引退。

大 成 丸 （TAISEI MARU）

呼出名称	たいせいまる
呼出符号	JLPY
機　　関	蒸気タービン
全　　長	125m
総トン数	5886t
遠洋航海	豪州・米国西岸
実習定員	140 名
撮　　影	神戸港

　純粋な練習船、最後の蒸気タービン船（汽船）。汽船はディーゼル船（機船）に比べて振動がなく、静かであった。しかし機関室の気温は常時 50℃ を超えており、さらにボイラー周辺は 70℃ もあったので、機関室の当直は厳しく、機関科を中心とした実習を行っていた。

付録 F 船舶通信の周波数と電波型式

F.1 国家試験等で提示されることの多い周波数と電波型式

表 F. 1 MF/HF 帯

周波数	内容	電波型式
424 kHz	日本語ナブテックス放送*¹	F1B
490 kHz	ナブテックス放送*²	F1B
518 kHz	ナブテックス放送	F1B
2169 kHz	国内 DSC	F1B
2177 kHz	2169kHz が使用できない時用の DSC*³	F1B
2174.5 kHz	NBDP 遭難・緊急・安全通信用周波数	F1B
2187.5 kHz	遭難・緊急・安全呼出用 DSC*⁴	F1B
2189.5 kHz	*³ と外国の海岸局の呼出用（原則）	F1B
2150 kHz	無線電話用通信周波数（商船用）	J3E
2182 kHz	遭難・緊急・安全呼出及び一般呼出の応答周波数	J3E
2394.5 kHz	無線電話用通信周波数（漁船用）	J3E
4207.5 kHz	遭難・緊急・安全呼出用 DSC*⁴	F1B
6312 kHz	遭難・緊急・安全呼出用 DSC*⁴	F1B
8414.5 kHz	遭難・緊急・安全呼出用 DSC*⁴	F1B
12577 kHz	遭難・緊急・安全呼出用 DSC*⁴	F1B
16804.5 kHz	遭難・緊急・安全呼出用 DSC*⁴	F1B

表 F. 2 VHF 帯

チャンネル	周波数	内容・用途	電波型式
06ch	156.3 MHz	無線電話	F3E
13ch	156.65 MHz	無線電話	F3E
16ch	156.8 MHz	無線電話	F3E
70ch	156.525MHz	DSC*⁵	F2B
AIS1	161.975MHz	AIS1	F1D
AIS2	162.025MHz	AIS2	F1D

＊1：日本沿岸のみ

＊2：英語以外。アルゼンチン、カナダ、ポルトガル、ルーマニア、韓国など

＊4：一般呼出には利用できない。

＊5：一般呼出が可能。

参照（告示 964 号（運 56 条））

F.2　電波型式（施 4 の 2）の概略説明

1 文字目　主搬送波の変調の型式

A　振幅変調、両側波帯

F　周波数変調

J　振幅変調、抑圧搬送波による単側波帯

P　無変調パルス列

Q　パルスの期間中に搬送波を角度変調

H　全搬送波による単側波帯

2 文字目　主搬送波を変調する信号の性質

0　変調信号のないもの

1　変調のための副搬送波を使用しないもの

2　変調のための副搬送波を使用するもの

3　アナログ信号である単一チャンネルのもの

3 文字目　伝送情報の型式

N　無情報

A　聴覚受信を目的とする電信

B　自動受信を目的とする電信

E　電話

D　データ伝送

C　ファクシミリ

X　その他のもの

船舶での実例

A1A　モールス通信

A3E　MF/HF 帯無線電話

H3E　MF/HF 帯無線電話

J3E　MF/HF 帯無線電話

F3E　VHF 帯無線電話

F1D　AIS

F2B　DSC による AIS（VHF70ch）

F1B　DSC、NBDP

F3C　ファクシミリ放送

P0N　レーダー

G1B　EPIRB

付録 G　船内での情報通信機器の管理

　この章では、サイバー攻撃（cyber attack）や、サイバーテロ（cyber terror）を行うためのクラッキング（cracking）のやり方を説明するのではなく、船内または陸船間のネットワークに接続された情報機器を使う上での情報漏洩のミスを減らしたり、不正アクセスから狙われにくくするために知っておくべき、基礎知識を説明します。

　もし、何らかのことが発生しても、被害が小さく、復旧が容易となるスキルが身につけられることを目指します。

　読者の想定のスキルとして、PC によるアプリケーションの利用や、スマートフォンの WiFi 接続によってインターネットの web サイトが閲覧できる程度を想定しています。

G.1　引継って、いってもこれは…

　（休暇後の船内の業務引継中の出来事…）

　前任 3/O：そうそう、3/O！　うちは VSAT（Very Small Aperture Terminal、ブイサット、超小型地球局）*1 を積んでいるから、本船のネットワーク機器はこれね（図 G.1）。特段問題なかったけど、今度、サイバーセキュリティに関して、検査？　監査？　があるっていうんでお願いね？

　3/O：え？　何をすればいいですか？　なんだかケーブルがごちゃごちゃですね。この前の船では特段、何もしてませんでしたけど？

　前任 3/O：一応、ケーブルはどこに何がつながっているかは、札がついてはいるけど、あぁ無いのもあるね。そういえば図面とかもないんだよね〜。あれ、知らないの？　今度からサイバーテロ対策っていうので、機器の管理が厳格になるってよ。検査日まではまだあるから。ちなみに俺は特にやってないよ。じゃあ、よろしく。

　3/O：（えっ…）はい。それでは、今度の乗船中に勉強してやっておきます。

---

*1 Very Small Aperture Terminal、ブイサット。船の場合、インターネット接続をできるようにインマルサット以外に搭載した衛星通信装置のことを意味することが多い

図 G.1　とある船のネットワーク機器群（左下から
　　　　ネットワークスイッチ、ルータ、スイッチ、
　　　　右下段に WiFi アクセスポイント）

G.2　ECDIS が使えないと、入港できない！？

（入港前の船橋でのブリーフィング中に…）

2/O：3/O！　この ECDIS、動いてないんだけど。あれ？　起動もしなくなったぞ。何かやった？

3/O：え？　今朝は動いてましたけど？　あれ、C/O がサイバーテロ対策のため、ファームウエアを最新にするっていうことで、アップデートをだいぶしていないから、ワッチ後にやっておいたって言ってましたっけ？

2/O：あちゃ〜。ファームウエアのアップデートで失敗したかも。もう少しで入港スタンバイだよ。直さないと入港できない〜。

3/O：え？　古い紙海図はあったと思いますけど、それを引っ張りだして…ってだめですよね？　そういえば、3/E が食事の時に、制御室の PC とか、

図 G.2　船内でのスマートフォンの利用
　　　　（正しい使いかた？）

データロガーが何か調子悪いって言ってましたっけ？　あっちは大丈夫かな？

　じゃあ、管理会社にちょっと聞いてみます。あれ？　通じないな…。電波が
ない？（図 G.2）。

　さて、上記の例では航海士や機関士らはどんな対応をする必要があるでしょ
うか？　何がいけなかったのでしょうか？　そして、図 G.2 では、なぜ、"電
波がない"のでしょうか？　通話するにはどうしたら何をどう調べたら良いで
しょうか？

G.3　用語の定義

　この章で扱う、ネットワーク関連の用語の基礎的な意味を列挙します。なお、
船独特の用語は、この節以降で解説します。

アクシデント	accident；事件、事故
インシデント	incident；アクシデントの一歩手前
クライシス	crisis；危機的状況
サイバーテロ	cyber terror；サイバー空間で破壊行為を行うこと。
クラッキング	cracking；システムを破壊や情報を抜き取ることを目的に行う行為のこと。それを行う人をクラッカーという。
いたずら	面白そうな事案があるものとして、システム等に何らかの仕掛けを行うもの。
ミス	miss；操作を間違うことにより、データが送出されたり漏洩したり、意図せず公開してしまったり、消去されたり、消去してしまうこと。
ハッキング	hacking；困難な事象を自らの力によって解決すること。それを行う人をハッカーという。クラッカーとは別に扱う場合がある。
LAN	Local Area Network；ラン、近場のコンピュータ等のネットワークのこと。LAN ケーブルとスイッチから構成される。
WAN	Wide Area Network；ワン、LAN より外部のネットワークのこと。インターネットを指す場合もある。

船内 LAN	船内の LAN のこと。インターネット接続用として事務用に使われている場合の他、レーダやデータロガーの機器間で構築されている場合がある。
スイッチ	Switch；正確にはネットワークスイッチのこと。LAN 上のデータの切り分けをするスイッチ動作をする機器のこと。情報とケーブルが集まるので HUB（ハブ）とも言われる。
WiFi	ワイファイ；厳密には"Wi Fi"。無線を使った LAN ケーブルとスイッチを使わない LAN のこと。インターネット接続の意味で使われていることもある。
ファームウェア	Firmware；機器内部で動作しているプログラムのこと。不具合や機能の改善のためにバージョンアップの実施を行うことが求められることもある。
PPP	Point to Point Protocol；2 点間の機器間でのネットワーク接続をするための手順のこと。携帯電話回線を使った接続では'ダイヤルアップ PPP'、データ通信回線を使った接続では'PPPoE（PPP over Ethernet）'といったところで表記されている。

G.4　船でインターネットに接続される機器

　図 G.3 は船内にある PC を始め各機器からインターネットに接続する場合の機器の構成を示しています。船からインターネットへの接続のために、第 1 章で紹介した装置のような衛星や地上の電波を使った通信装置が利用されます。その設備の機能だけでは、PC や航海計器といった機器に接続するには機能が十分ではないこともあり、一般の家庭やオフィスなどでも利用されている以下に説明する各種ネットワーク用の機器が用いられています。図中の①～④までが一体化されているものもあります。

G.4.1　ファイヤーウォール

　ファイヤーウォール（Firewall）とは、IDS（Intrusion Detection System）

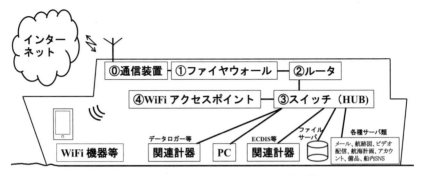

図 G.3　インターネット接続の一般的な機器構成

と呼ばれることもあります。利用者が決めたルールやある程度のポリシーを設
定しておくと半自動で外部からの不正なアクセスを拒絶したり無視したり、減
らしたりすることができます。外部からまたは内部からの通信容量の上限を設
定できる製品もあります。

　これらのポリシー等を入力し、かつ、それらを有効にして初めて機能するも
のですので、ユーザらによる設定は必須となります。

G.4.2　ルータ

　ルータ（router）とは、ネットワークとネットワークをつなげる役割をこな
します。特に外部のネットワークと接続する場合に、接続するための契約に基
づく契約者の ID やパスワード、それに関する接続情報が登録されています。
これを消去（初期化・リセット）してしまうと、それらの情報を入力しない限
りインターネット接続はできなくなります。

　外部や特定の端末からの通信を制限するファイヤーウォール機能がある機種
もあります。

G.4.3　ネットワークスイッチ

　ネットワークスイッチ（Network switch）は、スイッチ、または HUB（ハ
ブ）と言われることもあります。高機能のものには、それぞれの LAN ポートで
どの程度通信を行っているか情報を表示する機能や、LAN ポート間での接続

を制限することができる機能（VLAN；Virtual LAN）があります。高機能になるほど多くの設定が必要ですので、IDやパスワードを使った管理が必要です。

G.4.4　WiFiアクセスポイント

無線LAN、WLAN（Wireless LAN、ダブリューラン、ワイヤレスラン）とも称される無線接続のための機能を提供します。これを利用するためには、IDやパスワードによる認証がありますので、利用時のパスワードの他に管理用のIDとパスワードがあります。

G.4.5　ファイルサーバ

NAS（Network Attached Storage、ナス）ともいわれ、船内のネットワーク内にサーバを設置、業務文書を1箇所に保管することで、複数のPCから閲覧、利用が簡単にできるようになりました。これにも管理者がどのフォルダを誰に閲覧させるかといった設定項目がありますので、閲覧の権限を誰に与えるかといった管理が必要になります。安価なものは数万円程度ということもあり、家庭内での利用として音楽や録画された動画の記録用にも利用されています。

G.4.6　船内用の各種サーバ（機能）

その船独自にメール配信や、航跡図記録といった機能を提供するためにサーバがあるかもしれません。この他、ビデオ配信、メール、船内SNS、掲示板、時計機能、キャッシュサーバといった機能のためにPC上にこれらの機能を搭載したサーバのプログラムが実装されている船もあるかもしれません。これらの機能が動いているかをそれぞれの仕様に応じて確認する必要があります。

G.5　日々の機能確認

車がちゃんと機能しているのをどのように確認するでしょうか？　アクセルの踏み込み度合と速度の様子を見るためには、速度計を見たり、燃料計であれば時々確認したりするはずです。これと同様に、船内のこれらの機器も、インターネットへの接続、各機器の動作が確実であるか確認することが必要となります。

　日々の安定した利用を提供するには、図 G.7 に示すような実際に利用中の
ルータのパネル面を見て、何が何を示しているか理解できる必要があります。

G.5.1　電源

　どの機器でも電源が供給されているか、起動しているかを示すランプ、表示
があります。これが正しい状態となっているか確認しましょう。

G.5.2　機器間の接続状態

　図 G.5 は、代表的な機能を持つルータのパネル面を模式的に図示したもの
です。WAN にはファイヤーウォールか外部の通信機、LAN が船内側の機器と
なります。

　機器がネットワークに接続されているか、LAN ケーブルがスイッチやルー
タと接続されているか物理的、電気的、ネットワーク的にそれぞれ確認します。

　物理的には、LAN ケーブルが、「パチン」と音がするまで LAN ポートに差
し込まれているかを確認します。また設置場所によっては、端子部分が塩害等
で腐食していないか、ほこり等がつまっていないかを確認することも必要かも
しれません。

　電気的には、LAN ポート上部のリンクランプが点灯しているかを確認しま
す。

　ネットワーク的には、リンクランプの他、アクセスランプが情報の送受信に
合わせて点滅しているかを確認します。リンクランプ、アクセスランプが一つ
になっていてその発光色でその通信速度や状態を示すものもあります[*2]。

　図 G.4 は鳥羽商船高専の練習船「鳥羽丸」のネットワークスイッチを撮影
したもので、この機種はリンク状況とアクセス状況をランプの色と点滅で示し
ています。

　ルータのインターネットへの接続の状態の可否は、"Link"、"PPP" であっ
たり、"Access"、"Connect" といった表記のランプの点灯によって確認が可
能です。

[*2] 例：緑：100Mbps、橙 10Mbps

　その他、"Stat" は、通信状態を、"Diag" は、ファームウエアの更新や、異常診断結果などをランプの点滅や点灯時間で示しています。

　なお、LAN ポートの形状をした Service コネクタは、別途、機器の状態を確認したり設定を変更したりするシリアルポートとして利用されている場合がありますので、ネットワークケーブルを差し込んでも利用できないことがあります。

　また "Init" スイッチは、一般に、設定値を初期化するものですので、設定すべき値がわかっている状態であり、設定するスキルがない限り、

図 G.4　船内に装備されたネットワークスイッチの例（鳥羽丸）

図 G.5　典型的なルータのパネル面を模式的に表したもの

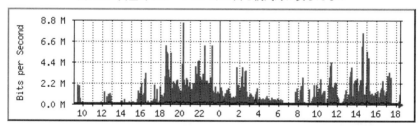

図 G.6　ルータとインターネット接続状況を示すトレンドグラフ（横軸は 31 時間、縦軸は通信速度（bps）

図 G.7　ルータの例（株）ヤマハ、RTX1200 の接続の様子

押してはいけません。

　また、図 G.6 に示すように、常にどの程度の通信がなされているか時々刻々と通信状況をグラフ表示をしておくと、通信途絶といった場合の、問題解決に役立ちます。

G.5.3　電波の強さ、サービスエリア（圏内）の内外

　図 G.2 に示すような船内からの携帯電話の利用の場合、電波が弱いと通信ができませんので、インターネットへの接続も不可となります。

　船の場合、通信衛星や携帯電話の電波によるインターネット接続を行いますので、自身が利用する場所、海域がサービスを受けるのに十分な電波の強さがあるか、そこがサービスエリアとして明示されているのか、そのサービスエリアで提供されている通信速度の上限を知っておく必要があります。

　また、船内設置の WiFi の場合、居室や部屋の配置とアクセスポイントやそのアンテナの位置関係で電波が弱くなっている場所があります。その場合、通信速度が低下することが考えられます。

G.5.4　他の通信利用者、機器、周辺の他の利用者（船舶の数）の状況

　船内から船外への通信が多くなったり、船内の通信でも船内サーバ間の通信が増えるネットワークを使ったバックアップであったり、船内のネットワークを利用した監視カメラ映像の閲覧など情報が過多となると通信が遅くなります。

　周囲に多くの利用者（または船）が多い場合、地上の通信系の場合は、対応する基地局、衛星の場合は、セルやゾーンの許容量の上限となりやすく通信が極度に低下している場合があります。

　特段の通信制限を行っていない場合、どこかの端末が多くの通信を行うとその他が低速になることも知っておきましょう。

　また時間帯によっては混雑している場合もありえます。

G.6　実際の機器構成例と設定の仕組み

　図 G.8 は図 G.3 で示した機器を、船内 LAN に利用されていそうな実際の機

器の写真で構成した例を示したものです。この場合、対外回線からファイヤー
ウォール、そしてルータ、その後にネットワークスイッチ、そして、無線 LAN
のアクセスポイントといった形になります。現代の船員はこれを確実に管理す
る能力が求められます。

　"WiFi が飛んでないんですけど"、"WiFi が使えません"、"プリンターが使
えません" と乗員から言われたらどうしましょうか？

　これらの報告は、これは、インターネットにつながらないのか、船内の LAN

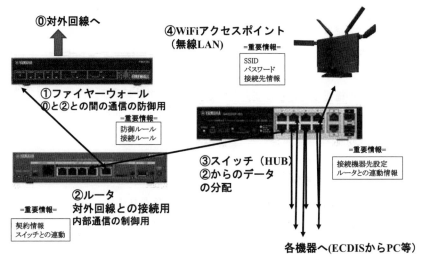

図 G.8　実際の機器によるインターネットと船内の接続概念図と記録されている大切な
　　　　項目（(株) ヤマハ、(株) バッファローの製品紹介の写真を利用）

表 G.1　ネットワーク機器の主な設定項目

ルータ	
契約 ID	英数字のことが多い
パスワード	英数字のことが多い
接続先情報	契約側から提供
スイッチ	
接続可能機器	機器固有の情報
可能サービス	機器による

それぞれの機器に、管理 ID とパスワードが必要

が途絶しているのか、WiFi のアクセスポイントとの通信ができないだけなのかといった具合に確認することが必要です。

G.6.1　設定の中身

　WiFi を利用するのに ID やパスワードが必要なのは理解できると思います。その他に、インターネットは有料で接続するのが一般的ですから、対外回線との接続には ID やパスワードといった認証があります。また図 G.8 の機器には、それぞれ管理用の ID とパスワードがあるのが普通です。そして、ルータには契約情報が記録されていますし、ファイヤーウォールには、その防御すべきルールが記録されていて、これがないとそれぞれの機器の役をなしません。

　この ID とパスワードを知られてしまうと、インターネットへの接続の契約、接続、機器の構成など自在に変えられてしまい、利用を途絶させられるだけでなく、悪意のある情報を任意にクラッカーの希望通りの情報を提供するようにできてしまいます。

G.7　実際にあった事例

　図 G.9 は、情報通信機器の管理上で問題が多数あります。いくつあるかでしょうか（答えは脚注に記載）[*3]。船内外で起きた情報通信機器とそれに関する失敗を含む事例を以下に紹介します。それぞれの部署でどのような対応ができたでしょうか。どうすればよかったでしょうか？

G.7.1　LAN ポートへの違った配線

　LAN ケーブル（8 芯）が電話線（4 または 2 芯）と似ているため、コードを誤って接続してしまう。

G.7.2　LAN ポートへの USB メモリの差込

　USB 型メモリを LAN ポートに挿入してスイッチが故障

[*3] IP アドレス、パスワードが紙に書かれている。3 に電話線が挿入。5 に USB メモリが挿入。機器がワイヤ等で固定されていない

図G.9 誤った管理手法のネットワークスイッチ（四つ以上）

G.7.3 USBポートの破損

USB型メモリで、PC側にUSBポート内の端子内の基板を折損してしまう。

G.7.4 リセット

ルータが調子が悪いように見えたので、再起動の意味で初期化スイッチを押した。その"初期化"とは設定内容を初期化する内容であったため、ルータ内部に記録されていたインターネット接続に必要な情報が消去され、インターネットへの接続ができなくなった。

G.7.5 電源故障（その1）

ルータの電源（ACアダプタ）が故障したためルータが使えなくなった。記録されていた機器間の接続の可否を決める情報も消えてしまい、接続ができなくなった。

G.7.6 電源故障（その2）

スイッチの電源が内蔵の冷却ファンが故障したため、その能力が不安定になった。見た目では動いているように見えたが、細かく調査したところほとんど通信していないことがわかった。

G.7.7　無線ルータの LAN 内への増設ミス

　無線 LAN の電波が十分に飛んでいない区域があったので、寄港地の家電量販店で数千·円の WiFi ルータを購入し、船内の LAN 内に増設した。しかし、設定上、WiFi ルータ内の一部の機能を停止しないまま接続したために、すでにある設定と競合してしまい、これまで使えていた区域でも接続ができなくなった。

G.7.8　アップデートの実施時期の誤り

　OS やファームウエアのアップデートを船舶運航の重要な局面の直前で行ったため、起動不良となり、その不具合への対応を行うため、船の運航に制限を生じた（予定の入出港時刻に遅延発生）。

G.8　実例などから学ぶ

　実例などを通して理解できやすそうな内容を以下に列挙します。

図 G.10　スイッチへの違ったケーブルと USB 型メモリの挿入（1 は問題なし（ラベルやタグが付いていて管理されている）。3 は 2 芯の電話線が挿入、5 には USBメモリが挿入）

G. 8. 1　新規導入時の仕様策定

"IoT 化[*4]"の流れを理解し、管理する船に導入、利用しましょう。船の場合、機器間の通信の仕様を闇雲に"ネットワーク接続"や"LAN 接続"、"無線接続"にしないようにしましょう。

例えば、従来からある電線と電流や電圧の変化によって伝送する手法は信頼性が高く、管理・保守も容易です。

また、メーカーお仕着せのネットワーク仕様で導入しないことも大切です。特に IP アドレスや機器の配置といったネットワークの根幹の部分は、公開しないようにかつ、その船独自の仕様とすべき[*5]です。

また PC などは仮想化しておき、定期的にスナップショット作り、調子が悪くなったらすぐに仮想化した以前のものを利用できる体制にするなどといった、バックアップ以外の対応も考えておきましょう。

G. 8. 2　コマンドによる確認手法

ネットワークの機器の通信状態を確認するのに便利なコマンドがあります。上記の説明を確認するために、windows PC では、"コマンドプロンプト"から、ping、nslookup、tracert といったコマンドを使えると、さらに不具合の特定が簡単になるでしょう。

G. 8. 3　ソフトウエア、ファームウエアのバージョンは最新でなければならないか

「最新とせよ」と指示がある場合もあります。ただ、安定して動いているにも関わらず、新しい機能を使わせる意味でのバージョンアップには、闇雲に対応する必要はないと思います。

例で示したように、重大な局面の直前に（入港前）、複数台ある機器（ECDIS）の、同時に機器のファームウエアのバージョンアップは避けるべきでしょう。

[*4] Internet of Things、モノのインターネット接続
[*5] シリーズ船であっても別にすべきと考えます

G.9　船での管理手法・ポリシー

　サイバーテロから攻撃を受けても被害を小さくするにはどうしたらよいでしょうか。具体的に船内のネットワーク機器の管理、情報機器の管理はどうしたらいいでしょうか？

　不特定多数の船客を多く乗船させる船の客室相当の部分と、そうでない乗員だけのエリアの機器とは違う扱いとなることは自明でしょう。

　一方、乗船する乗員は限られており、それぞれのすべての職務が船舶運航の生命線を握っていると考えれば性善説を基本とした運用のポリシーを採り入れることになるでしょう。

　ただし、失敗による致命的な危機に陥らないとも限りません。すべてオープンにして管理というよりは、重要な項目やキーとなる内容を伏せながら利用する形態が実態に即していると考えます。

G.9.1　パスワードを理解しよう

　まずは、パスワードはどうしたらよいでしょうか？　意外と単純です。身近な例として、例えば、盗難の被害を小さくするにはどうしたらよいでしょうか？

　鍵（錠）を掛けていないのと、安価な鍵を使った場合、高価なものを使った場合、鍵を複数使った場合と同じと考えます。

　　・鍵を掛ける

　　・頑丈そうな鍵を用意する

　　・鍵は限られた人しか持たない（玄関のマットの下には置かない）

　　・鍵は複数個利用する

　　・鍵には区別のための番号は書くが、住所等は書かない

　　・用心する（整理整頓など）

　　・防犯カメラを利用する

　　・巡回する

　　・大切なものは1箇所に保管しない

　　・暗証番号式のロックも利用している

G.9.2　防犯上の鍵の使い方との比較

　例えば、パスワードを利用しないといった、考えられそうなミスやレベルの低いことは行わないことが必要です。以下に示すことを行わないようにしましょう。そしてその反対をできるだけ実施しましょう。

- ・パスワードを使用しない
- ・簡単なパスワードを使う
- ・上記のパスワードは誰でも使える
- ・パスワードを一つだけ使う
- ・パスワードがどこで使えるか記入しておく
- ・私は大丈夫だと信じる
- ・誰がいつ使ったかログイン履歴は気にしたことがない
- ・いつも正常なデータがあると思っている
- ・大切なデータは一つのサーバにだけ保存する
- ・物理的な鍵は不要である

G.9.3　図面や書類の作成・確保

　まずはその船の情報通信機器の図面を作成し、取扱説明書といった関連する書類を確保しましょう。これは、船内の火災時の対応のために、"Fire control plan"といった消火栓の位置などを示す図面がすぐにわかるところに置いてあるのと似ています。ただし情報通信機器の場合、悪意のある人に見られてはいけないもので、公表するものではありません。

　内容によっては乗員からは普段見える状態にするもの、そうでないものにわけることも必要です。かつ、日常の管理、いざというときの対応のために、どこに何が記録してあるか、すぐに取り出せる位置にある必要があります。また、電子的な媒体で保存してある場合、1箇所のサーバだけに保管してあると、見られなくなる可能性もありますので、別な媒体や別のネットワーク上に保管するなど、二重化しておく必要があります。

G.9.4　乗員教育

　乗船時に行われる救命艇などの配置を学ぶのと同様に、乗船時教育などでそ

の船の情報機器関連の取扱いやポリシーを周知徹底する必要があるでしょう。例えば、私物の情報機器を船内のネットワークに接続を制限したり、USB ポートに挿させない、物理的に挿せないようにする…といったようなことが考えられます。

G.9.5 日常の運用、不具合への対応

"担当者の選任""日々確認"、"不具合の状況を放置しない"というマナー、ルールの制定が必要です。選任された人は、対外的なネットワーク接続がされているか船内の各機器からデータは送受されているか、船内の各機器間の通信が可能なのか確認して、しかるべきところに報告するような仕組みが必要でしょう。

日常の運用では、新規導入機器にはそれぞれにラベル付けや、封印などといった作業を担当者が行わなければなりません。

G.9.6 常にワッチ（モニター）する

通信や利用状況を確認したり、不具合を検知するため、その船や環境、状況に応じて船内のネットワーク機器の運用状況（接続端末数、通信速度）が一目でわかるような図、モニター、標準的な数値などで表示し、モニターできるようにしましょう。

G.10 最低限の対応の例

以下に、船ならではの対応を示します。それぞれの業界団体でいろいろなケースを想定して指示があるはずですが、その意味を知らずに実施することは"チェックリストのためのチェック"と同じで、意味がありません。

内容をよく吟味して、理解してから自分の仕事や環境に適用しましょう。

1. 情報通信機器とその構成の一覧図を最新に維持
2. 各機器のマニュアルを保管
3. 機器のファームウエア（ソフトウエア）のバージョンの記録
4. 各機器の管理記録簿の作成（いわゆる"ログブック"）
5. USB メモリの持込み、利用の制限

6. 私物の情報機器の PC 等の持込み、利用の制限

7. データやネットワーク利用範囲の制限

8. 船内の情報通信機器の納入、工事施工時前後の工事写真の提出等、現場での立ち合いの強制化および工事前後の対応ポリシーの作成、確認チェックリスト作成およびチェックの実施

9. いわゆるファイヤーウォールの設置とその後の動作確認のチェックリスト作成および日常のチェック

G.11 おわりに

それぞれの事象には、アクシデント、インシデント、クライシスがあり、何もないのが望ましいですが、受けたくない事象を事前の工夫で小さくすることは可能です。そのためには、他の船ために作られたチェックリストやガイドライン等をわからないままをコピーして使うのではなく、いろいろな事象を理解して自分の船や環境に合わせて取り組むことが必要でしょう。

G.11.1 まだまだラクはできないな…

管理会社の担当者：やっと、ECDIS が復旧したね。2/O。今回は大変だったね。ECDIS が動かないだけで、入港できないなんて想像してなかったでしょ？

2/O：簡単に直るものだと思ってました。パソコンとおんなじなんですね。ダメなときもあるってことで。今度からは、タイミングを考えて対応します。

管理会社の担当者：そうそう、難しいけどね。基本、最新の方がいいけど、様子をみてからにしないと、古い機器の場合、トラブルの元でもあるんでね。それにプロ用の機器は問題が生じない限り設定とかは変更しないのが普通だしね。変更した場合のトラブルのほうが問題になるし。難しいんだよ。まだまだ、ラクはできないかな。じゃあ、これからもよろしくね。

2/O：電子海図で改補がラクにできると思ったら、これはこれでなかなか大変ですよね。なかなかラクにさせてもらえませんね。

G.11.2　まずは自宅から

　図 G.11 は、家庭用のネットワーク接続機器を撮影したものです。構成は光ケーブルが接続される光終端装置内蔵のルータと WiFi のアクセスポイントからなっていて、それぞれは LAN ケーブルで接続されています。ルータと WiFi のアクセスポイントはそれぞれ四つの LAN ポートを持っていて、PC やテレビなどに接続することができるので、ネットワークスイッチは使っていません。

図 G.11　家庭用ネットワーク関連機器の例（左からルータ（光終端装置と VoIP アダプタ内蔵型）、WiFi アクセスポイント、NAS）

　家庭用の機器は、業務用と比べて端子が前面にないこと、筐体がプラスチックであることが多く、提供される機能は最低限のものになっており、理解をするには容易かもしれません。船の情報通信機器の管理の前に、自宅のネットワーク環境の理解から始めてはどうでしょうか。

コラム：ネットワーク機器の管理の向く部署とは？

　　個人所有のスマートフォンを含めて、船内の情報通信機器は利用者それぞれのレベルで管理が必要でしょう。

　　通信士がほとんどの船で乗船しなくなり、無線通信は航海士が扱うようになっている現在、船の上でのネットワーク機器の管理の歴史は短いだけに、それぞれのセクションで押し付け合っているのが現状かもしれません。

　　しかし、図 G.12 に示すように、船では工事の前後でわかるようにメモを残して次の工事などへ対応をずっとしてきている歴史があります。ネットワークであったからといって"知らない""わからない"とせず、同様なことを続けるだけだと考えます。

　　管理という面では、図面および配線によってモノ（情報）が伝送されるので、ある意味これらはインフラです。そういった機器の管理では、機器が配置し、燃料や電気信号によって機関が動く…それを管理している機関部が向いているようにも思います。

一方、インフラを確実に利用して目的に応じた利用を進めるといったところでは、船を目的に応じて進めて目的を達成する甲板部がネットワーク機器の運用とポリシーの設定に向いていると考えます。

いかがでしょうか？

図 G.12　船内ネットワークの保守、管理もこれまで
　　　　同様な対応で可能（とある船載機器の配線
　　　　工事の改修とその後の対応例（テープ上に
　　　　メモ "LOG OUT" と書いてある））

練 習 問 題

1　次の文はサイバーテロの定義であるが、□□□□内に入れるべき字句を下から選べ。

「サイバーテロは、船舶への□□□□をいう。」

(1)　攻撃

(2)　復讐

(3)　消火栓

(4)　保護装置

ヒント　普通に考えましょう。(3)あまりないと思います。

答：(1)

2　次の文は船内の情報機器の管理の定義であるが、[　　　]内に入れるべき字句を下から選べ。

「船内の情報通信機器の管理は、[　　　]が行う。」

(1)　船舶管理会社の AI

(2)　船長

(3)乗員全員

(4)　船客

ヒント　普通に考えましょう。(1)あったらいいと思いますが…。

答：(3)

3　ネットワーク運用で正しい記述は次のうちのどれか。

(1)　ネットワークはケーブルによってのみ構成される

(2)　無線を使ったネットワークは暗号化できない

(3)　ネットワーク管理には資格が必要である

(4)　コンピュータ間の通信の秘密は守られなければならない

ヒント　(3)"検定" はあります。

答：(4)

4　ECDIS が起動しなくなった件、どうすべきだったか。誤りを選べ。

(1)　インターネットで検索した情報を利用した

(2)　2台あるうちの1台ずつ実施した

(3)　不具合があっても修復する時間がある時にファームウエアの更新を行った

(4)　不具合のある事例を確認して実施した

ヒント　(3)新しいものが不具合がないとは限りません。

答：(1)

おわりに ●●●●●●●●●●●●●●●●●●●●●●●●

　海上通信の進歩は、陸上のインターネットや携帯電話に比べればゆっくりしたものです。それでもこの10年の間には、GMDSS機器の搭載や、通信長の兼任、AISやSSASの登場など着実に多種化・自動化されています。また、テレックスの取扱いが日本国内ではほとんどされなくなったことや、陸上の業務通信のほとんどが電子メールで行われるようになったことに伴い、洋上の船舶からの業務での電子メールの利用が一般化してきました。

　しかし、これまで商船士官教育での「通信」の科目の内容は、実際には使われることがほとんどない手旗、発光信号、そしてそのためのモールス符号の暗記や、国際信号旗を使った通信が取り上げられるだけで、通信に関するルールや機器の取扱いについてはほとんど説明がなされておりませんでした。

　船の通信には、無線以前からある、旗、発光信号から、最近のAISやSSAS、今後さらに普及するであろうインターネットまで多種多様です。本書では、現在の大型船での通信業務に対応し、また、これらの仕事別にわかりやすく解説することにつとめました。通信、すなわち「相手に伝える技術」には、利点・欠点・得手・不得手があることを理解していれば、本書にはない新しい技術が船舶通信に導入されてもきっと対応できるはずです。

　本書により、初学者や実務経験が少ない読者に少しでも船舶通信に関する業務を理解して頂ければ、著者としてこれほど嬉しいことはありません。

　本書作成には多くの教員、船員、関係者のご意見を頂戴しました。御礼申し上げます。

　最後に、航海訓練所時代の練習船「北斗丸」、「大成丸」、「銀河II」、「海王丸」無線部の方々にはNBDPやDSCなど実物の通信文の説明や法律的な解釈について御教授頂きました。感謝しております。

索　　引

文 字 旗 (Alphabetical flags) と 1 字 信 号

A 私は、潜水夫をおろしています。微速で十分避けて下さい。

K 私は、あなたと通信したい。

B 私は、危険物を荷役中または運送中です。

L あなたは、すぐ停船して下さい。

C イエス（肯定または"直前の符字は肯定の意味に解して下さい"）。

M 本船は停船しています。行き足はありません。

D 私を避けて下さい。私は、操縦が困難です。

N ノウ（否定または"直前の符字は否定の意味に解して下さい"）。

E 私は針路を右に変えています。

O 人が海中に落ちた。

F 私は操縦できない。私と通信して下さい。

P **港内で**、本船は、出港しようとしているので全員帰船して下さい。**洋上で**、本船の漁網が障害物にひっかかっています。

G 私は水先人がほしい。私は揚網中です。

Q 本船は健康です。検疫交通許可証を交付して下さい。

H 私は、水先人を乗せています。

R 受信しました。

I 私は、進路を左に変えています。

S 本船は機関を後進にかけています。

J 私を十分避けて下さい。私は火災中で、危険貨物を積んでいます。または、私は危険貨物を流出させています。

T 本船を避けて下さい。本船は2そう引きのトロールに従事中です。

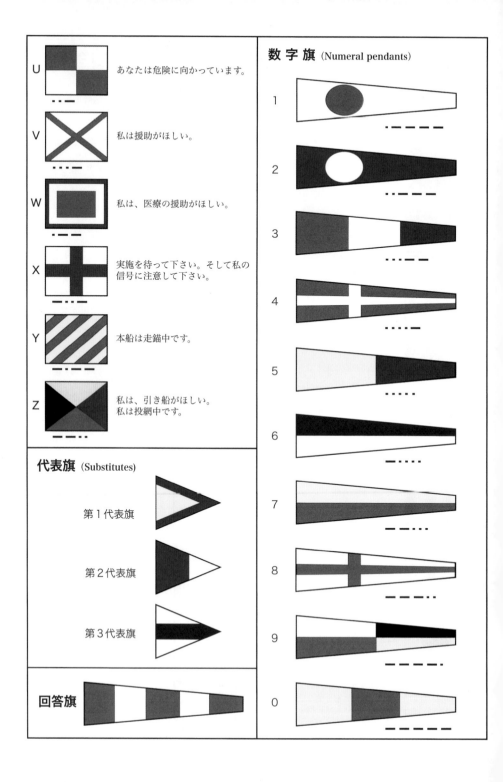

U あなたは危険に向かっています。

V 私は援助がほしい。

W 私は、医療の援助がほしい。

X 実施を待って下さい。そして私の信号に注意して下さい。

Y 本船は走錨中です。

Z 私は、引き船がほしい。私は投網中です。

代表旗 (Substitutes)

第1代表旗

第2代表旗

第3代表旗

回答旗

数字旗 (Numeral pendants)

1
2
3
4
5
6
7
8
9
0

著 者 紹 介

鈴木　治（すずきおさむ）

平成3年　東京商船大学商船学部航海学科卒。

平成3年9月　同大学乗船実習科了。

平成6年　同大学大学院・商船学研究科・航海学専攻・
　　　　　電子通信講座において修士課程了。

平成6年　鳥羽商船高等専門学校商船学科助手。講師、
　　　　　助教授、准教授を経て、

平成26年　鳥羽商船高等専門学校商船学科教授、現在に
　　　　　至る。

商船学修士。博士（工学）。高等学校教諭専修免許状。
第1級陸上無線技術士。第1級海上無線通信士。1級ボ
イラ技士。

船舶通信の基礎知識（3訂増補版）　定価はカバーに表示してあります

2008年2月18日　初　版　発　行
2023年2月18日　3訂増補初版発行

著　者　鈴木　治
発行者　小川　典子
印　刷　亜細亜印刷株式会社
製　本　東京美術紙工協業組合

発行所　株式会社 **成山堂書店**

〒160-0012　東京都新宿区南元町4番51　成山堂ビル
TEL：03（3357）5861　FAX：03（3357）5867
URL　https://www.seizando.co.jp
落丁・乱丁本はお取り換えいたしますので，小社営業チーム宛にお送りください。